KB121630

과학을 달리는 십대
환경과 생태

과학을
달리는
십대

환경과 생태

소이언 지음

우리학교

누군가 지구를 구할 때까지
기다리고만 있을 너에게

휴대 전화로 하늘 사진을 찍어 본 적이 있나요? 해 질 무렵이나 계절이 바뀔 무렵, 지구의 하늘은 무척 아름답게 빛납니다. 그런데 지구 밖을 벗어나면 우주는 온통 캄캄합니다. 태양과 가까운 곳도 환하지 않아요.

지구가 빛에 감싸일 수 있는 건, 공기 속 기체들이 햇빛을 산란시키기 때문입니다. 지구를 둘러싼 얇은 대기 속에서 인간은 빛을 만끽하고 숨을 쉬고 체온을 유지하지요. 대기가 없다면, 우리는 그렇게 자주 하늘에 카메라 렌즈를 가져다 대지 않을 거예요.

그러나 안타깝게도 인간은 이 소중한 대기 속으로 계속 탄소를 뿜어내고 있습니다. 지구는 점점 뜨거워지고, 온도 1도가 오를 때마다 한 번도 경험하지 못한 최악의 시나리오가 펼쳐집니다. 우리가 지구에 무슨 짓을 저질렀는지 채 알아차리기도 전에, 지구 시스템이 삐거덕거리기 시작했습니다. 기후 위기가 불러올 지구의 미래는 암울하기만 한데, 되돌릴 시간마저 더는 없을 것 같습니다.

인류가 문명을 일구면서 지구 환경을 파괴했다는 사실을 모르는 사람이 있을까요? 그런데도 왜 이 모든 걸 '남의 이야기'로만 생각할까요? 다행히 우리에겐 이 남의 이야기가 '나의 이야기'가

되는 순간이 빛처럼 찾아옵니다. 친구의 달라진 행동 덕분에, 반려동물 때문에, 죄 없는 생명이 고통받는 것을 볼 때, 하늘의 아름다움을 느낄 때가 그때이지요.

바로 그때 한 발자국만 더 나아가 봅시다. 일회용품을 안 쓰고 플라스틱 제로를 실천하고 자전거를 타고 고기를 덜 먹는 우리의 '작은' 실천은 권투의 잽과 같습니다. 힘은 약해도 가볍고 빠른, 끝없는 펀치는 상대를 지치게 만들지요. 하지만 잽만으로는 절대 적을 쓰러뜨릴 수 없습니다. 힘을 실어 크게 올려 치는 훅과 어퍼컷이 필요합니다. 정부와 기업이 법과 정책을 바꾸고 산업 구조를 조정하게 만들어야 강력 펀치가 가능하지요.

누군가 지구를 구할 때까지 기다리고만 있지 마세요. '미래가 어떻게 될까?'라는 걱정 대신 '어떤 미래를 만들어야 할까?'라는 질문이 우리를 나아가게 만듭니다. 잽과 어퍼컷을 날리며 지구에게 시간을 벌어 준다면, 희망은 충분합니다.

2021년 10월

소이언

4. 에너지 : 어느 날 모든 불이 꺼진다면

5. 생물다양성 : 여섯 번째 대멸종 앞에서

1
플라스틱

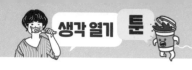

종이 빨대에서
화장실 휴지 심 맛이 나.

코에 플라스틱 빨대가 낀
거북이를 생각해 봐.
플라스틱 쓰레기 노노!

과자 하나 컵라면 한 개도
맘대로 못 먹어!
제로 웨이스트, 좋은 건데
귀찮음과 싸우는 건 힘들어!

우리가 쓰레기라 부르는 어떤 것

모든 것은
거북의 콧구멍에서 시작되었다

"오, 아니야! 어떡해! 정말 미안해!" 2015년 여름 코스타리카 바다 위, 젊은 해양생물학자 크리스티네 피게너(Christine Figgener)는 안타까워 어쩔 줄 모르며 큰 바다거북의 콧구멍에서 기다란 빨대를 조심스럽게 빼냅니다. 피를 주르륵 흘리며 고통에 몸부림치는 거북을 유튜브 동영상으로 본 사람들은, 조금 전까지 마시고 있던 플라스틱 빨대가 꽂힌 일회용 음료컵을 조용히 내려놓고 말았습니다.

사실 이 동영상 전에도 이미 플라스틱은 오랫동안 우리 모두의 골칫거리였어요. 플라스틱 쓰레기로 뒤덮인 산과 바다

○ 2017년 설치 미술가들과 환경 운동가들이 해양 오염으로 죽은 고래를
재현한 작품. 필리핀 마닐라 해변의 플라스틱 쓰레기로 만들었다.

사진은 너무 흔해서 지겨울 정도였으니까요. 물론 배 속이 플
라스틱 쓰레기로 가득 차 죽음에 이른 고래나 바닷새 사진을
볼 때면 너무 가슴이 아픕니다. 버려진 플라스틱 그물이 살을
파고들어 제대로 움직이지 못하는 물개와 바다사자의 모습도,
위가 비닐봉지로 가득 차 배고픈 줄도 모르다 굶어 죽은 낙타
이야기도 정말 슬프고요. 더 슬픈 건 이런 안타까운 마음이 오
래가지 않는다는 사실입니다. 우리는 곧바로 플라스틱이 가득
한 일상으로 되돌아오곤 했으니까요.

플라스틱

—○ 위 '고스트 네트', '유령 그물'이라고 불리는 버려진 어업용 그물은 바다
생물의 목숨을 위협하고 있다.

아래 플라스틱 빨대를 제공하지 않는 가게

하지만 자신이 거의 매일 사용하는 빨대가 날카로운 흉기로 변해 아무 죄 없는 거북을 끔찍하게 괴롭히는 모습은 사람들에게 새삼 큰 충격을 주었던 것 같습니다. 이 동영상은 유튜브에 올라오자마자 순식간에 수천만 뷰를 기록했고, 해결책을 촉구하는 사람들의 목소리가 SNS를 타고 전 세계로 퍼져 나갔어요. 곧 미국에서 가장 자유로운 도시라는 말을 듣던 시애틀과 샌프란시스코에서 플라스틱 빨대를 금지하는 법안이 통과되었고, 우리나라를 포함한 수많은 나라가 이에 흔쾌히 동참했습니다. 종이 빨대가 등장한 건 물론이고, 컵 뚜껑은 빨대 없이 마실 수 있는 모양으로 디자인되었지요.

그런데 플라스틱 빨대 퇴치 열풍은 되짚어 생각해 볼수록 왠지 개운치 않은 구석이 있습니다. 이토록 쉽게 플라스틱 빨대를 몰아낼 수 있었는데, 왜 우리는 그동안 그렇게 하지 않았던 걸까요? 플라스틱 빨대는 사라지는데 어째서 빨대보다 더 심각한 문제인 플라스틱 컵과 플라스틱 컵 뚜껑은 못 없애는 걸까요? 매장에서 고작 플라스틱 빨대 하나 없앴을 뿐이면서 자신들이 '친환경' 기업이라고 홍보하는 게 왜 이다지도 뻔뻔하고 얄밉게 느껴지는 걸까요?

그 와중에 2019년, 우리나라는 '거대한 플라스틱 쓰레기

산'으로 세계 언론의 주목을 받고 말았습니다. 폐기물 재활용 업체가 경상북도 의성의 한적한 시골 마을에 더럽고 악취 풍기는 폐기물 더미를 몰래 쌓아 올렸고, CNN 카메라가 그걸 잡아내 '세계 최대 플라스틱 소비국의 단면'이라는 타이틀로 대대적인 보도를 한 거예요.

이 뉴스를 접한 우리나라 사람들은 무척 당황스러우면서도 부끄러웠습니다. 더 당혹스러웠던 건 국제적 망신을 당하고 부랴부랴 쓰레기 산을 치우려고 했지만, 정작 대한민국 어디에도 폐기물 더미를 다시 갖다 버릴 곳이 마땅치 않았다는 사실입니다. 심지어 환경부가 조사해 보니 전국에 이런 쓰레기 산이 355개나 더 있었지요.

도대체 어떻게 해야 이 엄청난 플라스틱 쓰레기를 없앨 수 있을까요? 에코백에 텀블러와 대나무 칫솔은 기본이고, 배달 음식을 거부하고 식당에 직접 그릇을 가져가 담아 오는 수고를 아끼지 않는 '플라스틱 없이 살기' 운동처럼 우리가 지금보다 더 많이 노력해야만 하는 걸까요? 아니면 아예 법으로 플라스틱 사용을 완전히 금지하면 될까요? 그런데 이 모든 게 과연 가능한 일일까요? 지구에서 플라스틱을 모조리 몰아내는 게 정말 최선의 방법일까요?

이런 생각을 하면 플라스틱 빨대 퇴치는 정말이지 너무나 작은 변화처럼 느껴집니다. 실제로도 매년 바다로 흘러들어 가는 약 900만 톤의 플라스틱 쓰레기 중 플라스틱 빨대는 0.03퍼센트에 불과합니다. 플라스틱 빨대를 안 쓰는 게 사소한 일이라는 말은 절대 아니에요. 빨대 퇴치 운동은 매우 큰 의미가 있고 또 아주 성공적인 경험이었습니다. 그렇지만 그토록 떠들썩했던 빨대 이슈에 가려, 우리는 혹시 중요한 무언가를 놓치고 있는 건 아닐까요?

플라스틱은 얼마만큼
지구를 뒤덮고 있을까?

우리가 무엇을 놓치고 있는지 알아내려면 가장 필요한 것이 있습니다. 하루빨리 우리 곁에서 플라스틱을 전부 몰아내겠다는 강력한 의지일까요? 물론 그런 마음도 중요하지요. 하지만 '아무리 어마어마한 쓰레기라도 언젠가는 다 잘 처리되겠지.' 하는 막연한 낙관은 우리를 문제의 핵심에 데려다주지 못합니다. 플라스틱 쓰레기와 맞서야 할 우리에게 가장 중요하고 가장 먼저 필요한 것은 이 지구에서 플라스틱이 얼마나 생산되고 있는지, 그리고 그중 얼마만큼이 쓰레기로 배출되는지를 정확히 파악하는 일일 거예요.

그런 걸 어떻게 알아낼 수 있는지, 알아낸다고 무슨 도움이 될지 의심스럽다고요? 하지만 문제를 해결하기 위해서는 근삿값일지라도 반드시 구체적인 숫자가 필요합니다. 그래야 숫자의 변화를 보면서 쓰레기가 어디서 어떻게 문제를 일으키고 있는지, 우리가 실제로 쓰레기를 얼마나 줄였는지 알 수 있습니다. 또 앞으로는 무엇을 해야 하는지 제대로 방향을 잡을 수 있고요.

다행히 지구에는 사려 깊고 성실하며 과학적 방법을 존중하는 사람들이 아주 많습니다. 롤랜드 가이어(Roland Geyer) 교수가 이끄는 샌타바버라 캘리포니아 대학교와 조지아 대학교 공동 연구 팀도 그런 사람들이지요. 이들은 동료들과 함께 플라스틱의 탄생부터 죽음까지를 집요하게 추적하고 계산했습니다. 플라스틱에 대해 찾을 수 있는 모든 데이터를 모으고, 각 나라의 종류별 플라스틱 생산량과 포장, 건축, 의류, 소비재, 기계 등 산업별 유통량도 추적했습니다. 특히 한 번 생산된 플라스틱 제품이 얼마나 오랫동안 쓰이는지를 꼼꼼히 따졌습니다. 미국과 유럽 주요 나라는 물론 중국과 인도의 통계도 심층 분석했지요.

그 결과를 확인해 보았더니, 지구인들이 지금까지 만들어 낸 플라스틱 양은 1950년부터 2015년까지 무려 약 83억 톤에 이른다고 해요. 이 숫자는 코끼리 10억 마리의 무게만큼 엄청난 양이지요. 2020년 유엔환경계획(UNEA)의 특별 보고서에 따르면 1950년 한 해 약 200만 톤이던 플라스틱 생산량은 갈수록 증가해 2020년에는 약 4억 톤이 되었습니다. 우리는 예전보다 200배나 더 많이 플라스틱을 사용하는 것입니다.

우리가 플라스틱 문제를 해결하려면, 지금껏 인류가 생산한 누적 플라스틱의 양이 정말 중요합니다. 왜냐하면 우리가 사용하고 버린 플라스틱은 잘 썩지 않아서 만들면 만드는 대로 지구에 쌓이기 때문이지요. 비닐봉지나 페트병이 분해되어 사라지는 데만 약 500년이 걸리고, 어떤 플라스틱은 1000년 가까이 썩지 않는다는 건 이제 상식입니다.

이처럼 오래오래 우리 곁에 머무는 플라스틱은 불행히도 생산되는 순간부터 사라질 때까지 온갖 환경 호르몬과 유해 물질을 꾸준히 배출해서 더욱 문제가 됩니다. 특정한 종류의 플라스틱은 높은 열이나 전자레인지에 노출되면 환경 호르몬

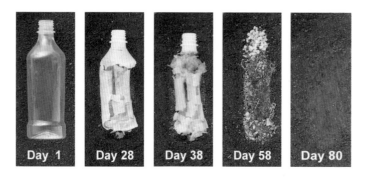

—○ 생분해 플라스틱(바이오 플라스틱)은 따로 수거해 온도와 조건을 맞춰 땅에 묻으면 빠르게 분해되지만, 분리 처리하지 않고 그냥 버리면 썩는 데 100여 년이 걸린다.

이 검출돼요. 뜨거운 여름이면 생수가 들어 있는 페트병 속 환경 호르몬 농도가 높아지기도 합니다. 환경 호르몬은 이차 성징이 일찍 나타나는 성조숙증, 생리통과 생리 주기 교란, 불임, 정자 수 감소와 활동 저하 등에 영향을 준다는 연구 결과도 많아요.

안전할 것 같은 종이컵도 안쪽에 플라스틱이 코팅되어 있어서 갑상선 호르몬에 영향을 주는 과불화화합물(PFAS)이 검출되기도 합니다. 폴리스티렌(PS)으로 만들어진 음료 컵 뚜껑에서는 스타이렌 같은 휘발성 유기화합물(VOC)이 나와서 많은 나라에서 이를 폴리프로필렌(PP)으로 교체하기도 했어요.

그렇게 플라스틱에서는 듣기만 해도 머리가 아프고 이름도 복잡한 온갖 해로운 물질이 쏟아져 나옵니다. 그중 테프론과 비스페놀A는 암과 간경화를 일으키고, 스티렌다이머는 내분비계 기능을 방해한다는 연구 결과도 있어요. 캘리포니아 대학교(UCLA) 공과대학 연구에 따르면 플라스틱은 바이러스가 가장 오래 살아남을 수 있는 재질 중 하나라고도 해요. 코로나 바이러스를 생각하면 오싹하기까지 합니다.

그뿐만이 아닙니다. 최근 들어 전 지구인을 경악시킨 미세 플라스틱도 문제입니다. 미세 플라스틱은 어떻게 뜨거운 이슈가 되었을까요? 영국 플리머스 대학교의 리처드 톰슨(Richard Thompson) 교수는 플라스틱 연구를 하다가 이상한 사실을 발견했습니다. 플라스틱이 생산되는 양과 쓰레기로 버려지는 양을 비교해 보았더니 오차가 너무 컸던 거예요. 쓰임을 다한 플라스틱은 땅에 매립되거나, 소각장에서 불태워지거나, 혹은 재활용됩니다. 그런데 이 모두를 더한 숫자가 작아도 너무 작았습니다. 바다에 떠다니는 쓰레기를 더해 봐도 마찬가지였지요. 그렇다면 나머지 플라스틱은 도대체 어디로 사라진 걸까요?

시간이 지날수록 플라스틱이 쉽게 마모되고 잘게 부서진다는 사실은 예전부터 잘 알려져 있었습니다. 여기에 주목한 톰슨 교수는 바닷속으로 눈을 돌렸습니다. 그리고 2004년 어마어마한 양의 플라스틱이 눈에 안 보일 만큼 작은 알갱이로 부서져 바닷속을 떠돌고 있음을 밝혀냈습니다. 숫자가 알려 준 또 하나의 비밀이었지요. 플라스틱은 사라진 게 아니라 미세 플라스틱이 되어 우리 눈에 안 보였던 것입니다. 미세 플라스틱은 우리가 마시는 물과 소금으로 흘러들고, 물고기 먹이가 되어 식탁 위에 올라 우리 입속으로 들어오고, 수증기와 함께 하늘로 올라가 비와 눈이 되어 전 지구에 내리고 있습니다.

미세 플라스틱은 미세 섬유에서도 만들어집니다. 나일론, 폴리에스터, 폴리우레탄, 아크릴 같은 합성 섬유로 만든 옷을 세탁기에 넣고 빨면 수십만 개의 미세 섬유가 빠져나옵니다. 너무 작아서 어디에도 걸러지지 않는 미세 섬유는 누구의 방해도 받지 않고 바다로 흘러들지요. 세계자연보호연맹(IUCN)에 따르면 미세 플라스틱 오염의 약 3분의 1은 미세 섬유 때문이라고 해요.

그래서 다음 이야기는 당연히 패스트 패션으로 이어집니다. 패스트 패션은 맥도날드나 피자헛 등에서 만들어 내는 패스트푸드처럼, 유행하는 디자인의 옷을 매우 신속하게 제작, 유통, 판매하는 패션 산업을 가리킵니다. 합성 섬유를 주로 사용하기 때문에 가격이 무척 저렴해서 누구나 부담 없이 빠르게 변하는 유행을 따라 쉽게 사 입고 쉽게 버릴 수 있는 옷들이지요.

마음에 드는 새 옷을 입고 새 신발을 신는 것만큼 기분 좋은 일이 있을까요? 하지만 옷이 미세 플라스틱의 주범이라는 사실을 알게 되면 의류 쇼핑에 죄책감이 듭니다. 우리는 이제 더 이상 새 옷을 사 입으면 안 되는 걸까요? 아니면 천연 섬유로 만든 옷만 사 입어야 할까요? 더 나아가 옷을 만들 때 합성 섬유를 사용하지 못하도록 강제해야 할까요?

하지만 순면이나 리넨, 캐시미어, 실크 같은 천연 섬유는 이름에서부터 느껴지는 고급스러움만큼이나 값이 무척 비쌉니다. 20세기 초에 합성 섬유가 개발되기 전까지, 놀랍게도 새 옷을 마음대로 입을 수 있는 건 돈이 많은 부자들뿐이었어요. 수천 년 동안 대부분의 평범한 사람들은 단 몇 벌의 옷으로 평생을 버텨야만 했지요. 화려하고 아름다운 옷은 비싼 보석이나 장신구와 함께 굉장한 사치품이었습니다.

판타스틱 플라스틱
네 정체를 밝혀라

그런데 갑자기 의문이 생깁니다. 우리는 지금껏 플라스틱에 관한 이야기를 했고 빨대, 음료 컵, 비닐봉지, 페트병은 의심할 것 없이 당연히 플라스틱 제품입니다. 하지만 섬유, 그러니까 옷이 플라스틱이라니 왠지 쉽게 이해가 가지 않지요? 그건 우리가 플라스틱이 어떤 물질인지, 무엇을 원료로 만들어지는지 정확히 알지 못하기 때문이에요.

플라스틱은 '거푸집에 부어 모양을 만든다'라는 뜻의 고대 그리스어 플라스티코스(plastikos)에서 나온 말이에요. 석유, 석탄, 천연가스에서 추출한 원료로 만든 고분자 화합물을 가리켜 플라스틱이라고 하지요. 우리말로는 '합성수지'라고 부릅니다.

고분자 화합물
많은 원자들이 1만 개 이상 복잡하게 얽혀 있는 화합물로, 형태를 바꾸기 쉽다.

이 물질은 열과 압력을 가하면 쉽게 물렁물렁해지고 변형이 몹시 자유로워서 모양과 색깔을 마음대로 바꾸어 가며 마음껏 물건을 만들어 낼 수 있습니다. 비닐봉지를 만드는 폴리에틸렌(PE), 합성 섬유인 나일론과 폴리에스터, 단단하고 튼튼해서 파이

프나 바닥재로 쓰이는 폴리염화비닐(PVC), 천연고무를 대신한 폴리우레탄(PU) 등등 종류도 엄청나게 다양합니다. 첨단 과학의 '신소재'로 사랑받으며 3D 프린터의 재료부터 인공 장기에 이르기까지 어떤 것이든 만들어 낼 수 있는, 인류가 탄생시킨 가장 뛰어난 발명품 중 하나예요.

그런데 이 다루기 쉽고 다재다능한 플라스틱은 다름 아닌 '화석 연료'로 만들어집니다. 초기에는 석탄에서 뽑아냈지만, 지금은 대부분 석유에서 추출하고 있어요. 석유는 다양한 성분이 섞여 있는 혼합물입니다. 석유를 분별 증류 장치에 넣고 가열하면 끓는점이 낮은 물질부터 차례로 기체가 되는데, 이를 다시 냉각시키면 원하는 성분을 얻을 수 있습니다. 이 정제 과정을 통해 얻는 '나프타' 혹은 '납신'이라는 물질이 바로 플라스틱의

분별 증류
물질마다 끓는점이 다른 것을 이용해 혼합물에서 순수한 물질을 얻는 방법. 술, 석유 등 액체를 분리할 때 쓰인다.

원재료예요. 여기에 여러 가지 첨가제를 넣고 복잡한 과정을 거치면 플라스틱 원료가 되지요.

인류는 화석 연료를 에너지로 쓰기 위해 이미 이런저런 시스템을 만들어 두었기 때문에, 그 과정에서 플라스틱을 위한 원료를 뽑아내는 일은 어렵지도 않고 따로 큰돈이 들지도 않

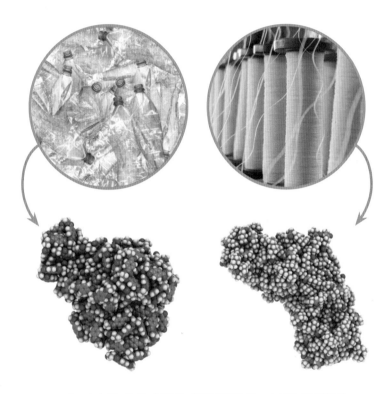

—○좌 페트병의 원료인 폴리에틸렌 테레프탈레이트(PET) 구조. 한 해에 약 5000억 개의 플라스틱 보틀이 만들어지고 버려진다.

우 합성 섬유인 나일론의 구조. 스타킹은 물론 그동안 돼지털로 만들던 칫솔을 지금 우리가 쓰는 칫솔로 바꿀 수 있게 해 주었다.

았어요. 그래서 플라스틱으로 만든 물건 값은 저렴해질 수 있었고, 플라스틱은 사람들의 삶 속으로 빠르게 파고들 수 있었어요.

하지만 화석 연료라니, 지구 온난화와 기후 변화를 일으켜서 지구에 엄청난 위기를 초래한 바로 그 화석 연료가 플라스틱의 원재료라니 도저히 좋게 볼 수가 없습니다. 어쩐지 플라스틱이 환경에 해롭기 짝이 없더니만, 그럴 수밖에 없었다는 생각이 들지 않나요?

그러나 플라스틱 덕분에 인류는 지난 100년간 편안하고 편리한 삶을, 그리고 깨끗하고 위생적인 삶을 살 수 있었습니다. 돈이 별로 없는 사람도 플라스틱으로 만든 물건이라면 부담 없이 사서 쓸 수 있었기 때문에 집을 아늑하게 꾸미고 침대에서 아침을 맞을 수 있었습니다. 플라스틱 변기에 앉아 볼일을 보고 플라스틱 칫솔로 이를 닦고 플라스틱 옷을 입고 플라스틱 그릇에 밥을 먹고 플라스틱 가방을 들고 플라스틱 신발을 신고 학교와 회사를 오갈 수 있었지요. 그렇게 수십억 명의 사람들이 플라스틱 덕분에 평범하지만 크게 부족하지 않은 삶을 살 수 있었어요. 생각해 보세요. 코로나19 바이러스가 우리를 덮쳤던 순간에 플라스틱이 없었다면 마스크와 위생 장갑

──○ 플라스틱은 우리에게 편리함과 위생뿐 아니라 색깔과 디자인도 함께 누릴
수 있게 해 주었다.

도, 주사기와 격리실도 없었을 거예요.

　어쩌면 우리는 플라스틱이 일으키는 나쁜 문제들에 지나치
게 집중하느라 플라스틱이 모든 인류의 생활을 평등하게 뒷
받침해 주는 고마운 물질이라는 사실을 잊어버리고 있는지도
몰라요. 실제로 지금 당장 플라스틱이 사라진다면, 그 어떤 물
질도 플라스틱을 대체하기 어렵습니다. 스마트폰과 노트북에
도, 아파트와 엘리베이터에도, 버스와 자동차와 지하철과 비
행기에도, 그리고 도로와 병원과 소방서에도 플라스틱은 꼭

필요하고 빠짐없이 사용되고 있으니까요.

값이 싸고, 가볍고, 적당히 튼튼하고, 열에 약하지만 물에는 강한 방수 기능이 있어서 액체가 새지 않는 이 마법과도 같은 플라스틱을 대신할 수 있는 물질이 과연 있을까요? 오늘날 많은 사람이 플라스틱 없는 삶을 추구하고 플라스틱보다 천연 물질을 훨씬 더 선호하지만, 만약 정말로 모든 플라스틱이 우리 곁에서 사라져 버린다면 우리 삶의 질은 크게 떨어지고 말 거예요.

엄마, 제발
그 먹이는 주지 마세요

플라스틱이 우리 일상 속에 깊이 침투해 우리 삶을 받쳐 주는 고마운 물질이라는 사실을 인정한다 해도, 빨대가 거북의 호흡기를 찌르고 그물이 바다사자의 목을 옥죄는 현실은 플라스틱에 대한 우리의 선택과 행동을 종용합니다.

날개의 길이만 3~4미터나 되는, 조류 중 가장 크고 아름다운 새인 앨버트로스는 새끼를 무척 사랑합니다. 앨버트로스는 온종일 둥지에서 먹이를 물어다 줄 어미를 기다린 새끼의 입 속에 플라스틱 쓰레기를 넣어 줍니다. 앨버트로스가 새끼에게

—○ 위 새끼에게 플라스틱 쓰레기를 먹이로 먹이는 앨버트로스 어미.

아래 배 속이 플라스틱 쓰레기로 가득 차 죽음에 이른 앨버트로스.

일부러 플라스틱을 먹일 리는 없겠지요. 바다를 떠도는 플라스틱에 미생물과 조류가 붙어 번식하면 황 화합물 냄새가 풍기는데, 이 냄새는 바다 생물이 조류를 먹으면 나는 냄새와 매우 비슷합니다. 앨버트로스는 망망대해에서 냄새로 바다 표면에서 먹이를 낚아채는 새입니다. 그렇게 틀림없이 먹이라고 여긴 플라스틱 조각들은 앨버트로스의 배 속에 쌓이고, 결국 어미도 새끼도 끔찍한 고통 속에 죽어 가고 있습니다.

이 죽음을 막을 수 있는 가장 빠르고 효과적인 방법은 일회용품을 사용하지 않는 것입니다. 세계적으로 권위 있는 과학 잡지인 『사이언스 어드밴시스』에 실린 전 세계 플라스틱 사용량 통계에 따르면, 전체 플라스틱의 40~45퍼센트가 한 번만 사용하고 버려진다고 해요. 지구인들은 놀랍게도 1000년이 지나도 썩지 않는 플라스틱의 거의 절반을 딱 한 번만 쓰고 버리는 거예요.

레고 장난감도 10년씩 간직하고 플라스틱 볼펜도 꽤 오래 쓰는데 진짜로 사람들이 절반이나 되는 플라스틱을 한 번만 쓰고 버릴까 싶지만, 과자 봉지나 빵 봉지, 택배 비닐, 빨대, 일회용 음료 컵을 생각하면 답은 금방 나옵니다. 건축에 쓰이는 플라스틱의 수명은 약 50년, 전기 및 전자 제품에 쓰이는

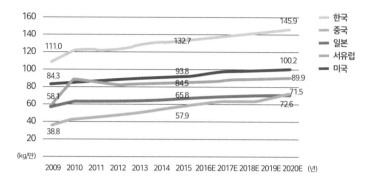

160
140
120 　111.0
100 　84.3
80
60 　58.1
40 　38.8
20
(kg/만)

145.9
132.7
100.2
93.8
84.5
89.9
65.8
71.5
57.9
72.6

2009 2010 2011 2012 2013 2014 2015 2016E 2017E 2018E 2019E 2020E (년)

한국
중국
일본
서유럽
미국

● 출처 : 유럽플라스틱제조자협회(EUROMAP)

──○ 전 세계 주요국 1인당 플라스틱 사용량

플라스틱의 수명은 약 10년이지만, 포장에 쓰이는 플라스틱의 수명은 하루에서 1년이 채 못 되지요.

부끄럽게도 우리나라는 전 세계에서 포장용 플라스틱을 가장 많이 쓰는 나라예요. 유럽플라스틱제조자협회 통계로는 세계 2위, 미국해양보호협회 통계로는 세계 3위라고 해요. 환경보호 단체인 그린피스는 한국에서 1년간 사용하는 일회용 페트병 약 49억 개로 지구를 열 바퀴나 두를 수 있고, 일회용 플라스틱 컵 약 33억 개를 쌓으면 그 높이가 달에 이른다고 꼬집었습니다.

그나마 우리나라 플라스틱 쓰레기 재활용률이 높아서 창피함을 조금 덜 수 있지요. 2018년에는 재활용률이 무려 86.1퍼센트로, 독일에 이어 세계 2위를 차지했거든요. 하지만 이 통계에는 엄청난 함정이 숨어 있습니다. 바로 우리가 모은 플라스틱 대부분이 재활용되지 않는다는 사실입니다.

우리는 플라스틱 쓰레기를 잘 분류해서 버리는 게 재활용이라고 생각하지요. 하지만 그건 '수집'일 뿐입니다. 우리가 아무리 열심히 분리배출을 해도 플라스틱 쓰레기가 진짜 재활용이 되려면 거쳐야 할 단계는 무척 많습니다. 분리 수집된 플라스틱을 다시 더 세심하고 정확하게 분류해서 쓸 수 있는 것을 추리고, 그것을 잘게 쪼개 세척한 다음 열을 가해 용해하거나 압축해야 합니다. 그러지 않으면 아무것도 만들 수 없어요. 이 과정에서 우리가 그렇게나 열심히 모은 재활용품의 절반이 버려집니다. 그래서 우리나라의 진짜 플라스틱 재활용률은 30~40퍼센트 정도이고, 세계적으로 재활용되는 플라스틱 쓰레기는 10퍼센트도 채 안 되지요.

재활용을 믿지 마
쓰레기에서 눈을 돌리지 마

플라스틱의 가장 큰 문제는 바다로 흘러들어 간 플라스틱 쓰레기가 해양 생태계를 파괴한다는 사실입니다. 도대체 누가 플라스틱 쓰레기를 바다에 버리는 걸까요? 비록 실제 재활용률은 낮아도, 우리는 플라스틱을 꽤 꼼꼼히 수거해서 쓰레기가 온 사방을 돌아다니다 바다로 흘러들어 가게 놓아두지는 않지요. 그렇다면 플라스틱 쓰레기는 어떻게 바다로 흘러들어 갈까요?

인간은 육지에 살고, 플라스틱 쓰레기는 당연히 육지에서 생산되고 버려지고 있습니다. 그래서 과학자들은 강에서 바다로 흘러들어 가는 플라스틱 쓰레기를 연구했습니다. 전 세계의 중요한 강들을 하나하나 살펴서 어떤 강에서 어떤 쓰레기가 얼마나 바다로 흘러들어 가는지 조사했지요. 그랬더니 플라스틱 쓰레기의 대부분이 중국과 남아시아, 인도와 아프리카의 강에서 바다로 흘러들어 가고 있었습니다.

그런데 가난한 나라들이 칠칠치 못하게 플라스틱 쓰레기를 마구 강에 버렸다고 보기에는 뭔가 이상합니다. 1인당 플라스틱 사용량 통계를 보면 선진국이 플라스틱을 더 많이 쓰는데

플라스틱 쓰레기를 가장 많이 바다로 배출하는 강 순위

순위	강	바다	배출량
①	양쯔강	서해, 동중국해	146만 9481톤
②	인더스강	아라비아해	16만 4332톤
③	황하강	서해	12만 4249톤
④	하이허강	서해	9만 1858톤
⑤	나일강	지중해	8만 4792톤
⑥	갠지스강	벵골만	7만 2845톤
⑦	주장강	남중국해	5만 2958톤
⑧	아무르강	오호츠크해	3만 8267톤
⑨	니제르강	기니만	3만 5196톤
⑩	메콩강	남중국해	3만 3431톤

○ 출처: 독일헬름홀츠환경연구센터, 2018.

왜 인도와 베트남의 강에서 플라스틱 쓰레기가 바다로 흘러 들어 갈까요?

파렴치하게도 선진국들은 오랫동안 자신의 나라 쓰레기를 가난한 나라에 떠넘겨 왔습니다. 쓰레기는 소각하면 해로운 물질이 공기 중으로 흩어지고, 매립하면 유독 성분이 가득한 침출수가 지하로 스며들어 땅을 오염시킵니다. 그래서 선진국들은 돈을 써서 더럽고 냄새나는 쓰레기를 아시아와 아프리카로 보내 버렸습니다. 자신들 나라의 깨끗함과 쾌적함을 위해 다른 곳이 희생되어야 한다면, 그곳은 당연히 가난하고 힘없는 나라라고 생각하는 것이지요.

중국은 플라스틱을 많이 생산하기도 하지만 선진국의 플라스틱 쓰레기도 많이 수입했습니다. 우리나라도 재활용 쓰레기 대부분을 중국에 넘겼지요. 2018년부터 중국이 국민의 건강과 환경을 위해 플라스틱 쓰레기를 더 이상 받지 않겠다고 하자 큰일이 벌어졌습니다. 우리나라 쓰레기 산도 그래서 생겨난 거고요.

선진국들은 여전히 베트남, 필리핀, 인도네시아 등으로 쓰레기를 떠넘기고 있습니다. 이 나라들이 언제까지 플라스틱 쓰레기를 받아 줄까요? 더 큰 문제는 따로 있습니다. 이들 가난한 나라에는 쓰레기 관리 시스템이 없다는 사실입니다. 우리나라는 국민의 쾌적한 생활을 위해 모두가 잠든 밤에 쓰레기를 수거합니다. 정부에 쓰레기만 담당하는 공무원이 따로 있고, 제대로 된 쓰레기 처리 시설이 존재합니다. 쓰레기가 바다로 흘러들어 가지 않으려면, 나라 구석구석에 강력한 쓰레기 관리 시스템이 반드시 있어야 합니다.

하지만 당장 먹고살기도 힘든 나라에 그런 시스템이 있을 리가 없지요. 개발 도상국은 쓰레기 관리보다 훨씬 더 급하고 중요한 문제들이 많습니다. 우리나라도 90년대 초반까지 서울의 쓰레기를 난지도에 그냥 쌓아 두었으니까요.

플라스틱 빨대가 사라진 자리에 남아 있는 문제들

미세 플라스틱이 가득한 해안가에는 이것들이 걸쭉하게 뭉쳐 만들어진 플라스틱 수프 파도가 칩니다. 태풍이라도 불면 손쓸 수 없을 만큼 많은 플라스틱 쓰레기가 모래사장으로 떠밀려 옵니다. 지구의 바다에는 바람과 파도, 밀물과 썰물, 염류와 온도 차이에 의해 움직이는 소용돌이 모양의 해류가 있고, 이 해류들이 큰 바다에 모여 환류를 이룹니다. 환류가 커다란 원을 그리며 한곳에 부유물을 모으다 보니, 먼바다 곳곳에는 엄청난 쓰레기 지대가 생기고 말았습니다. 북태평양에는 우리나라 면적의 15배나 되는 거대한 쓰레기 지대가 있지요. 도대체 이 플라스틱 쓰레기들을 다 어떻게 하면 좋을까요?

우리 주위를 둘러보면 많은 사람이 지구와 생명을 사랑하는 열띤 마음으로 플라스틱과 싸우고 있습니다. 그런데 큰 계획을 세우고 일을 추진해야 할 정부와 기업은 도대체 무엇을 하는 걸까요? 정부는 시민들에게 재활용을 열심히 하라고 하면서도 막상 재활용 처리를 돈 없는 영세한 기업에 떠넘겨 그들이 곳곳에 쓰레기 산을 만들도록 방치했지요. 기업은 또 어떤가요? 제품을 만들 때 처음부터 플라스틱 사용을 자제하고 과대 포장을 안 하면 쓰레기를 엄청나게 줄일 수 있는데도 그렇게 하지 않아요. 그러면서 고작 빨대와 비닐봉지를 금지한다고 생색을 냅니다.

정부와 기업은 왜 법을 만들고 관리를 강화해 좀 더 강력하게 플라스틱 제품 생산을 억제하지 않을까요? 유해 물질이 나오지 않게 첨가물을 엄격히 제한하고, 플라스틱이 빨리 썩어 분해되는 기술 개발에 투자하고, 가난한 나라가 쓰레기 처리 시스템을 갖추도록 돕는 일에 진심이라면 플라스틱 쓰레

──○ 선진국의 부자들이 사랑하는 몰디브 휴양지와 몰디브에서 나오는 쓰레기가 모이는 인공섬 틸라푸쉬. 한 곳의 아름다움과 깨끗함을 위해 다른 곳을 희생해도 될까?

기 문제가 해결될 텐데 왜 적극적이지 못한 걸까요? 그 이유는 석유 화학 산업이 현재 우리가 사는 자본주의 사회를 떠받치는 너무나 중요한 기간산업이기 때문입니다.

석유 화학 산업은 자동차와 비행기를 움직이는 기름, 발전소를 돌려 전기 에너지를 만드는 연료를 생산하고, 고무와 섬유를 포함한 모든 플라스틱 제품을 생산합니다. 또 석유와 가스에서 추출한 다른 원료들로 비료, 농약, 접착제, 세제, 의약품 등도 만들지요. 인류가 이런 것들 없이 행복하고 건강한 삶을 유지할 수 있을까요? 석유 화학 산업을 잘못 건드리면 세계 경제가 휘청이고 인류가 지금껏 이룬 문명이 흔들리게 됩니다. 플라스틱을 둘러싼 문제는 단순히 플라스틱을 쓰느냐 마느냐의 문제가 아닌 거지요.

그러나 불행인지 다행인지 우리에겐 더 이상 망설일 시간이 없습니다. 석유 화학 산업이 그 바탕을 깔아 주어 시작된 탄소 배출이 기후 변화를 일으켜서 지구가 지금 심각한 위기 상황에 놓여 있기 때문입니다. 플라스틱의 재료이기도 한 화석 연료를 지금처럼 써 댄다면, 인류는 20~30년 안에 돌이킬 수 없는 기후 재앙을 맞게 됩니다. 기후 위기를 막으려면 당연히 플라스틱을 지금처럼 생산하고 소비해서는 안 되겠지요.

—◦ 울산 석유 화학 공업단지 야경

그렇다면 역시 플라스틱을 몰아내는 것만이 정답일까요?

　답을 말하기 전에, 요즘 집집마다 바꾸는 플라스틱 창틀을 생각해 봅시다. 만약 플라스틱을 거부하고 창틀을 다시 나무로 바꾸면 어떻게 될까요? 엄청난 나무를 베어 내면서 숲을 훼손하고 생물 다양성을 위협하게 되겠지요. 또 나무 창틀 사이로 찬 바람이 들어와 에너지를 더 쓰게 되고, 결국 기후 변화를 더 악화시킬 거예요. 이럴 때 우리는 플라스틱 창틀이 기후 위기와 생태계 훼손을 막아 준다고 말할 수 있을까요?

플라스틱

빨대보다 훨씬 먼저 퇴치 운동이 벌어진 것은 비닐봉지였어요. 우리는 환경을 위해 비닐봉지를 없애자고 하지만 놀랍게도 비닐봉지는 환경을 살리기 위해 만든 거예요. 1959년 스웨덴의 과학자 구스타프 툴린(Gustaf Thulin)이 쉽게 물에 젖고 금방 찢어지는 종이봉투를 만드느라 수많은 나무가 베이는 것을 막기 위해 고안해 냈지요. 원래 비닐봉지는 가볍고 오래가는, 종이봉투보다 훨씬 더 여러 번 다시 쓰는 물건이에요. 우리가 일회용으로 사용하고 있는 것뿐이지요.

플라스틱을 둘러싼 문제는 간단하지 않습니다. 플라스틱은 우리 삶을 뒷받침하면서 동시에 우리 목을 조르고 있습니다. 우리는 플라스틱을 언제까지, 어디까지 허용하고 어떻게 바라봐야 할까요? 플라스틱만이 해 줄 수 있는 역할이 있는데도 플라스틱을 포기해야 한다면, 무엇으로 그것을 대체할 수 있을까요? 문제 해결의 흉내만 내는 정부와 기업에게 무엇을 금지하고 무엇을 요구해야 할까요?

평범한 시민들이 묵묵히 플라스틱 없는 삶을 실천하는 것은 지구를 위해 무척 훌륭하고 중요한 일이라는 건 틀림없는 사실입니다. 그러나 우리에겐 더 많은 이야기와 더 많은 물음이 필요합니다. 빨대가 문제라면 플라스틱 빨대만 금지할 건

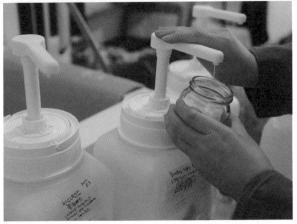

━○ 포장재와 쓰레기가 없는 서울 망원동 제로 웨이스트 가게 '알
맹상점'. 화장품도 준비해 온 통에 담아 구입한다.

지 빨대 자체를 금지할 건지, 금지한다면 기업의 빨대 생산과 유통에 벌금을 물릴 건지 소비자의 빨대 이용에 벌금을 물릴지, 그렇게 되면 아픈 사람이나 어린아이처럼 빨대가 꼭 필요한 사람들은 어떻게 할 건지, 다른 재료로 빨대를 대신한다면 가장 편리하고 저렴하고 환경을 해치지 않는 게 무엇일지, 계속 묻고 또 물어야만 해요. 우리에겐 거북의 콧구멍을 찌르던 빨대만큼이나 날카롭고도 깊은 지혜가 필요합니다. 그래야 새 옷을 입는 즐거움까지 포기하고 일상의 불편함을 기껍게 받아들이며 플라스틱을 멀리하는 모두의 수고가 헛되지 않을 테니까요.

플라스틱 핫&이슈

미세 플라스틱, 한 시간 만에 몸 전체에 퍼진다

2021년 7월 우리나라 연구진이 세계 최초로 동물 몸속에 흡수된 미세 플라스틱 이동 경로를 규명했다. 실험 쥐 몸속의 미세 플라스틱은 한 시간 만에 심장, 폐 등 온몸으로 퍼져 나갔다. 위와 장에서는 하루 만에 배설을 통해 대부분 빠져나갔지만 생식기, 심장, 신장에 처음보다 많은 양이 쌓였고, 간에는 그 양이 5배나 증가했다.

단 20개 기업, 세계 플라스틱 쓰레기 절반 만들어

영국 언론 〈가디언〉은 런던경제대학원, 스톡홀름환경연구소 등 여러 연구를 분석해 석유 기업 엑손 모빌, 중국 기업 시노펙 등 글로벌 기업 20곳이 전 세계 플라스틱 쓰레기의 55퍼센트 이상을 만들어 낸다고 밝혔다. 같은 연구에서 1인당 플라스틱 폐기물을 가장 많이 생산하는 나라는 호주, 미국, 한국, 영국 순이었다.

환경을 지키는 작은 실천! 우리 모두 '용기'내요! #용기내 챌린지

'용기내' 챌린지 확산

음식 배달과 포장으로 생겨나는 일회용품과 플라스틱 쓰레기를 줄이기 위해 집에서 다회용 그릇을 들고 가 음식을 담아 오는 '용기내' 챌린지가 큰 호응을 얻고 있다. 몇 년 전부터 플라스틱 사용을 줄이고 지구를 살리려는 시민들의 자발적 노력으로 시작된 '용기내' 챌린지는 2020년부터 대형 마트, 백화점 등은 물론 정부와 지방 자치 단체가 참여해 대표적인 제로 웨이스트 캠페인으로 자리 잡고 있다.

일회용 플라스틱 사용, 전면 금지해야 할까?

○찬성○

1. 환경 오염과 생태계 파괴를 막기 위해 당장 금지해야 한다

일회용 플라스틱은 쓰레기가 되기 위해 만들어지는 것이나 마찬가지다. '생산에 5초, 사용은 5분, 분해는 500년', 이것이 일회용 플라스틱의 문제점이다. 모든 플라스틱을 금지하자는 것이 아니다. 일회용 플라스틱만 엄격히 금지해도 생태계는 살아날 것이다.

2. 미세 플라스틱을 줄이기 위해 꼭 필요하다

몸에 흡수되는 미세 플라스틱이 인간을 포함한 생명체에 큰 위협이 될 수 있다. 눈에 보이지 않을 만큼 작은 미세 플라스틱을 수거하거나 제거하는 일은 거의 불가능하므로, 일회용 플라스틱 사용을 금지해 바다로 유입되는 플라스틱 쓰레기를 줄여야 한다.

3. 금지해도 대체할 수 있는 것들이 많다

종이, 나무, 도자기, 유리, 금속 등 플라스틱을 대신할 것은 많다. 생물 자원으로 만들어 잘 분해되는 바이오 플라스틱도 대안이 될 수 있다. 귀찮고 불편하고 좀 더 비싸다고 외면했을 뿐이다. 저렴하고 간편한 것을 쫓는 대신 미래를 위한 선택이 필요하다.

그래, 플라스틱 쓰레기를 줄이려면 사용을 금지하는 게 최선이야.

아니야, 플라스틱 무조건 금지는 오히려 더 큰 문제를 불러올 거야.

✖ 반대 ✖

1. 위생과 청결을 위해 일회용 플라스틱이 꼭 필요하다

세균과 바이러스가 들러붙은 물건을 완벽히 씻어 내기는 힘들다. 따라서 병원, 학교, 공공시설, 단체 모임 등에서 감염을 막기 위해 비닐장갑, 포장 봉투, 그릇 등 일회용 플라스틱이 반드시 필요하다. 일상생활에서도 위생과 청결을 위해 한 번 쓰고 버리는 비닐 제품이 꼭 필요하다.

2. 플라스틱의 생산과 사용 금지는 경제를 위협한다

전 세계 플라스틱 제조 산업 규모는 약 1조 달러(한화 1000조 원)에 달한다. 이 중 포장재와 용기 등 일회용으로 분류되는 플라스틱이 40퍼센트 이상을 차지한다. 플라스틱을 금지하면 이 산업에 종사하는 사람들이 일자리를 잃고 경제가 크게 휘청일 것이다.

3. 대체품을 구하기가 어렵다

플라스틱을 대신할 싸고 가볍고 위생적이며 방수가 되는 대체품을 구하기 어렵다. 대체품은 비싸고, 생산 과정에서 환경이 파괴된다. 비닐봉지와 플라스틱 컵을 여러 번 사용하는 사람들처럼 무엇이 일회용이고 무엇이 일회용이 아닌지 구분하는 기준도 모호하니, 무조건 금지보다 여러 번 사용한 후 재활용하는 게 현실적이다.

2

화학물질

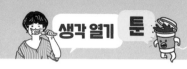

유해 화학 물질
정말 정말 정말 조심해야 해.
노출되면 호흡기 출혈, 피부 발진,
안구 손상, 세포 변이가
일어나거든.

우린 화학 물질 무서워서
샴푸 대신 비누를 써.

니 머리 떡졌어.
대나무 칫솔에
소금 양치질을 한다고?
너, 조선 시대에서 왔니?

내가 먹고 마시고 만지는 모든 것들

그것들 좀
내 눈앞에서 치워 줘요!

하늘이 미세 먼지로 뿌옇다 보니 맘대로 창문을 열기도 힘
듭니다. 세수하려고 세면대에 수돗물을 받았더니 붉은 녹물
사이로 징그러운 유충이 꾸물댑니다. 계란 프라이를 했는데
항생제는 기본에, 닭 털에 기생하는 진드기를 죽이려고 쓴 살
충제까지 검출된 계란이네요. 가습기 곰팡이 좀 없애려고 세
정제를 썼더니 목숨이 위협당합니다. 꿀 같은 단잠을 자려고
산 침대에서는 1급 발암 물질이 새어 나오네요. 이 모든 게 환
경과 관련된 문제들이지요.

늘 이렇게 이슈가 쉴 틈 없이 터지니, 환경 문제 담당 기자

는 기삿거리 걱정 따위 할 필요도 없을 것 같아요. 어쩌면 당연한 일입니다. 우리가 사는 세상은 공장에서 물건을 대량 생산해 대량 소비하는 자본주의 산업 사회이니까요. 심지어 농업과 축산도 대량 생산과 유통 및 판매 시스템을 따라 돌아가는 세상입니다. 계속 산업이 발달하다 보면 필연적으로 대기 오염, 수질 오염, 독성 화학 물질 문제는 끊임없이 발생할 수밖에 없으니, 환경 이슈가 하루걸러 터지는 게 이상할 것도 없지요. 산업 사회를 살아가는 현대인이라면 환경 문제에 신경을 안 쓸래야 안 쓸 수가 없습니다.

그런데 잘 살펴보면 우리가 환경 문제라고 이야기하는 것들은 대개 자신의 건강에 관한 문제나 쾌적한 생활을 방해하는 문제들인 경우가 많습니다. 그래서 해결책으로 공기청정기나 정수기를 사용하고, 유기농 달걀을 먹고, 천연 성분 비누를 쓰고, 침대를 바꾸지요. 문제를 일으킨 원인을 제거한다기보

화학물질

다는 내 눈앞에서 위험 요소를 치워 버리는 것에 가깝습니다. 체력이 떨어져서 자꾸 코감기에 걸리는데 운동할 생각은 안 하고 그때그때 코감기 약만 먹는 것과 같지요.

하지만 우리는 보통 좋아하는 일에 마음을 쓰고 주의를 기울이는 것을 보고 '관심이 있다.'라는 표현을 씁니다. 그러니 이와 같은 행동들을 두고 '환경에 관심이 있다.'라고 말하기는 좀 어려울 것 같지 않나요? 그보다는 '내 안위에 신경을 쓴다.'라는 말이 정확하겠지요.

그럼에도 불구하고 주위를 둘러보면 환경 문제에 진짜 관심을 두는 사람들이 많습니다. 꼬박꼬박 텀블러와 에코백을 가지고 다니고, 가까운 거리는 걸어 다니고, 고기를 적게 먹으려고 노력합니다. 이런 일들은 보기엔 쉬워 보여도 막상 해 보면 절대 쉽지 않다는 걸 우리는 너무나 잘 알지요. 집에 텀블러 하나 없는 사람이 어디 있겠어요? 하지만 텀블러를 매일 씻고 챙기는 건 정말 귀찮고 성가십니다. 귀찮음을 이겨 내는 마음은 절대 보통 마음이 아닙니다. 그런 마음은 어디에서 올까요?

환경 문제에 진심인 사람들은 예외 없이 푸른 하늘과 건강한 들판을 사랑하고 동물과 식물을 무척 사랑합니다. 환경 문

제에 관심을 두고 환경을 살리기 위해 직접 행동하기로 결심
한 계기도 대부분 '존중받지 못하는 생명'을 목격한 다음이
지요. 녹아서 떨어져 나간 작은 빙하 위에서 굶주리는 북극
곰, 몇 달씩 타오르는 뜨거운 산불에 타 죽은 새끼 곁을 떠나
지 못하는 어미 코알라, 비닐봉지를 갖고 놀다가 목이 졸리는
아기 사자, 공장식 축산으로 좁은 우리에 갇혀 비명을 지르는
돼지들. 그런 사진이나 동영상을 보고 관련된 이야기를 찾아
보며 마음 아파하다가 자신의 일상을 바꾸기 시작한 거예요.

그런데 사실 환경 문제에 큰 관심이 없더라도 모든 인간은
동물과 식물을 싫어하지 않습니다. 맑은 공기와 초록 숲을 좋

화학물질

아하지 않는 사람이 누가 있겠어요? 인간은 원래 자연의 일부입니다. 모든 존재는 자기 자신을 사랑하지요. 46억 년 전 우주의 먼지가 뭉쳐 생겨난 지구라는 작은 별에 기적처럼 생명의 싹이 튼 후로, 헤아릴 수 없을 만큼 많은 생명체가 수십억 년 동안 진화하며 이 행성에서 삶을 이어 왔습니다. 인간 또한 그 생명체 중 하나이지요.

그래서 환경 문제에 아무 관심 없던 사람이라도, 혹은 그 관심이 스스로의 안위에만 머물렀던 사람이라도 자신과 같은 생명체인 거북의 코에 빨대가 꽂혀 몸부림치는 영상을 보고 나면 태연히 플라스틱 빨대를 사용하기는 힘들 거예요. 그래서 자연의 일부인 인간은 다음과 같은 결론을 내립니다. "아, 정말 어딜 가나 '인공 물질'이 문제야. 인공 물질을 몰아내야 해!"라는 결론을 말이에요.

가까스로 코끼리를 구했지만 다시 코끼리를 죽이게 된 사연

대부분의 사람이 자연물, 즉 천연 재료가 인공 재료보다 환경에도 좋고 인간에게도 좋다고 생각합니다. 플라스틱 컵보다 유리컵이, MDF 합판 책상보다 원목과 철재로 만든 책상이 훨씬 더 환경친화적이고 안전하며, 좋은 물건이라고 여기는 거지요. 게다가 좋은 물건답게 가격도 몇 배나 비쌉니다.

MDF
나뭇가루나 톱밥을 접착제와 섞어 압축해 만든 합판. 가격이 저렴하고 모양을 만들기 쉬워 널리 사용되지만, 유해 성분인 포름알데히드가 방출된다.

그런데 원목 책상을 만들려면 나무를 베어야 합니다. 사람들이 자연물을 선호하면 선호할수록 나무는 더 많이 베이겠네요. 나무를 베면 숲이 훼손되고, 숲이 훼손되면 생태계가 파괴된다는 건 상식 아닌가요? 왠지 당황스럽습니다.

유리컵은 어떨까요? 유리의 재료가 되는 규석을 채취하려면 땅을 파헤쳐야 합니다. 여러 첨가물을 넣어 열을 가해 녹이는 과정에서 에너지가 많이 들고, 해로운 물질도 배출되고요. 무거워서 운송할 때 연료를 더 많이 씁니다. 영국 사우스햄프던 대학교 연구진이 2020년 조사한 결과에 따르면 유리병을 만들 때 드는 자원과 에너지는 플라스틱 병보다 4배 정도 더 많다고 해요.

플라스틱을 처음 개발한 때로 돌아가 볼게요. 1863년, 뉴욕의 당구 물품 회사 펠란&콜렌더는 당구공을 만들 수 있는 새로운 물질을 개발하면 1만 달러(한화 약 2억 원)라는 큰 상금을 주겠다는 광고를 냅니다. 당구공을 만드는 재료인 코끼리 상아는 비싼 데다 구하기도 힘들었기 때문이지요. 그리고 최초의 플라스틱인 셀룰로이드가 탄생합니다. 당구공 외에 상아로 만들던 단추, 안경테, 주사위, 피아노 건반과 각종 공예품도 플라스틱으로 쉽고 편하고 저렴하게 만들 수 있게 된 거예요. 덕분에 멸종 위기까지 몰렸던 코끼리는 겨우 몰살을 면하게 되었습니다.

거북 껍데기 역시 수천 년 동안 인간이 애용한 재료였어요. 머리빗과 장신구를 만드느라 매년 수십만 마리의 거북이 산 채로 불에 달궈져 껍데기가 벗겨졌지만, 플라스틱 덕분에 거북 껍데기 공예는 사라졌습니다. 플라스틱이 거북을 구한 거예요.

고래는 어떨까요? 석유가 널리 쓰이기 전, 고래기름으로 만든 촛불은 밀랍으로 만든 촛불보다 밝고 냄새도 없고 깨끗하게 타올라 인기가 많았습니다. 고래기름은 조명용 연료뿐 아니라 비누, 식용 고체 기름, 윤활유, 약품, 향수의 베이스 오일을 만들 때도 꼭 필요해서 수많은 고래가 무참하게 희생되었지요. 하지만 19세기 말 석유 산업이 시작되자 누구도 고래기름으로 어둠을 밝히지 않게 되었습니다. 유전 개발을 축하하며 고래들

GRAND BALL GIVEN BY THE WHALES IN HONOR OF THE DISCOVERY OF THE OIL WELLS IN PENNSYLVANIA.

─○ 1861년 미국 잡지 『배너티 페어』에 실린 만평. '석유가 우리를 살렸다.' '펜
실베니아 유전 발견을 축하하며 고래들이 무도회를 열었다.'라는 설명이 붙
어 있다.

이 무도회를 여는 만화가 신문에 실릴 정도였어요.

그런데 플라스틱은 코끼리와 거북과 고래를 멸종 위기에서 구해 놓고는, 다시 플라스틱 쓰레기가 되어 이들을 괴롭히고 있습니다. 하지만 플라스틱이 없었다면 이 동물들은 진작에 멸종되었을지도 몰라요. 우리는 플라스틱과 같은 인공 물질을 환경 오염의 주범이라며 미워하지만, 인공 물질이 꼭 환경을 오염시키기만 하는 건 아니라는 사실도 알아야 합니다. 그래야 진짜 지구와 생명을 살리는 길을 찾을 수 있어요.

실제로 환경을 생각하는 사람들은 모피 대신 폴리에스터로 만든 인공 털인 '에코 퍼'를 입습니다. 가방과 신발을 선택할 때도 가죽 제품을 거부하지요. 우리는 이미 다른 생명을 위해 인공 재료를 선택하는 일을 하고 있었어요.

지구에 사는 77억 인구가 합성 섬유 대신 자연 소재로만 옷을 만들어 입는다고 생각해 봐요. 엄청나게 넓은 땅에 목화와 마를 심고, 넓은 목장에 양도 엄청나게 길러야 합니다. 그 땅을 마련하려면 숲을 밀어야 하고 그러면 생태계가 파괴되고…….

이야기는 빙글빙글 다시 원점으로 돌아갑니다. 천연 재료가 인공 재료보다 환경에도 좋고 인간에게도 좋다고 말하면 다들 당연하다고 대답하겠지요. 그런데 알고 보면 인공 재료가 생명과 자연을 구하는 데 꽤 큰 역할을 하고 있습니다. 만약 플라스틱 같은 인공 물질이 없었다면, 환경과 자연은 지금과는 다른 모습으로 망가졌을지도 모르지요.

바비와 켄을 멀어지게 한
열대 우림 파괴 사건

고민은 계속됩니다. 에코백이 비닐봉지보다 환경을 더 오염시킨다고 이야기하는 사람들이 있어요. 에코백을 만드는 데 쓰이는 자원과 에너지가 비닐봉지보다 훨씬 더 많다는 거지요. 앞에서 이야기한 페트병과 유리병의 관계처럼요. 유리병과 에코백을 만들 때 자원과 에너지가 많이 들어가는 건 사실입니다. 하지만 유리병과 에코백은 여러 번, 심지어 평생 쓸 수 있기 때문에 단순히 비교할 수는 없습니다. 뭐가 더 환경에 좋다고 말하기 힘들지요.

게다가 더 의심스러운 건, 이런 이야기를 큰 소리로 말하는 사람들이에요. 정말로 일상에서 환경을 고려하며 자원과 에너지를 아끼는 사람들이 아니라, 일회용 플라스틱을 펑펑 쓰는 사람이나 거대 기업의 후원을 받는 연구자나 단체가 목소리를 높이는 경우가 많거든요. 그래서 "무슨 의도로 그런 주장을 하느냐?", "한쪽으로 치우친 연구다." 하며 곧잘 싸움이 납니다.

그렇다면 제품 포장 박스를 투명 플라스틱 박스로 만드는 것과 종이 박스로 만드는 것은 어떨까요? 2011년에 그린피스

는 굉장히 인상적인 캠페인을 펼쳤습니다. 바로 바비와 그의 연인 켄의 이야기이지요. 그린피스는 켄이 얼굴을 찡그리며 다음과 같이 말하는 핑크 현수막을 장난감 회사 빌딩에 기습적으로 게시했습니다. "바비, 우린 끝났어! 난 열대 우림을 파괴하는 여자와 데이트하고 싶지 않아."

바비를 만드는 글로벌 기업 마텔(Mattel)이 인도네시아 수마트라의 열대 우림을 파괴하는 회사 종이를 사용해 포장 박스를 만든 것에 항의하는 캠페인이었지요. 물론 어째서 그 잘못을 기업 경영자가 아니라 바비한테 묻는지, 안 그래도 여성의

외모나 허영심 공격에 이용되는 바비를 환경 감수성까지 없는 캐릭터로 몰아가는 방식은 별로 유쾌하지 않았지만요.

아무튼 세계에서 가장 유명한 환경 운동 단체도 종이 박스가 분명 환경을 파괴한다고 했으니, 플라스틱 대신 종이를 쓴다고 문제가 해결되지 않는 건 확실하네요. 플라스틱이든 종이든 중요한 건 덜 쓰는 겁니다.

인공 물질의 최강자, 화학 물질을 소개합니다

인공 물질을 무조건 미워해서는 안 된다는 건 알았지만, 그래도 여전히 인공 물질은 의심스럽습니다. 사실 플라스틱 사용이 찜찜한 건, 알게 모르게 뿜어져 나오는 눈에 보이지 않는 해로운 물질 때문이지요. 우리는 이런 물질을 대개 '화학 물질'이라고 부릅니다.

사실 화학 물질은 너무 큰 개념이라 화학 물질이라는 말을 사용할 때 주의를 기울여야 해요. 화학 물질을 만나려면 빅뱅까지 거슬러 올라가야 하거든요. 우주에 빅뱅이 일어나 아주 작은 입자들이 생겨났고, 이것들이 결합해 탄소, 질소, 산소 같은 가벼운 원소들이 생겨났습니다. 우주가 계속 팽창하

고 온도가 내려가면서 입자들이 넓게 퍼
진 기체 구름이 속에서 별들이 탄생했
지요. 그리고 별의 뜨거운 중심부에서
핵융합이 일어나 나트륨, 마그네슘 같
은 무거운 원소들도 생겨났습니다. 그렇
게 생겨난 원소들은 주기율표에 얌전히 놓여 우
리가 외워 주기만 기다리고 있지요.

　120여 개의 원소만으로 이토록 많은 생물과 무생물이 만들
어져 지구를 가득 채우고 있다니, 정말 놀라운 일이에요. 원소
를 구성하는 입자들을 원자라고 하는데, 이 원자들이 결합한
걸 분자라고 부르지요. 이때 원자들이 결합하는 방식을 화학
결합이라고 부른답니다. 화학 결합을 하고 있다면 전부 다 넓
은 의미의 화학 물질로 볼 수 있어요. 그러니 우리 몸을 비롯
해 우리가 사는 세상 전부가 화학 물질로 이루어져 있다고 해
도 틀린 말이 아니지요.

　인간은 물질의 배열 방법을 알아냈고, 더 나아가 새로운 물
질을 만들어 냈어요. 이렇게 만든 비료와 농약 덕분에 인류는
굶어 죽지 않을 수 있었어요. 현재 인간이 만들어 사용하는 화
학 물질은 수십만 가지나 된답니다. 합성 기술도 꾸준히 발달

화학물질

했고, 무엇보다 20세기 초부터 석유를 널리 쓰게 되면서 석유를 출발 물질로 삼아서 접착제나 건조제처럼 여러 가지 쓸모 있는 것들을 만들어 냈지요.

그런데 시간이 흐르면서 이 가운데 어떤 건 인간과 생태계에 무척 해롭다는 사실을 알게 되었어요. 특히 농사를 수월하게 짓기 위해 만든, 흔히 농약이라고 부르는 살충제가 문제가 되었습니다. 생각해 보면 벌레도 생명이고, 살충제는 생명체를 죽이는 물질이니 인간에게도 해로울 거라고 짐작할 수 있었을 거예요. 하지만 당장 피해가 나타나지 않아서 큰 문제는 없을 거라고 생각했지요. 그러다가 1962년 레이첼 카슨(Rachel Carson)이 그의 책 『침묵의 봄』을 통해 화학 물질의 악영향을 밝힌 후로 인류는 독성 화학 물질의 무서움을 깨닫고 조심히 다루기 시작했습니다.

그러니까 우리가 화학 물질이라고 부르며 꺼리는 건 '유해 화학 물질'이에요. 문제를 일으키는 화학 물질은 인간이 새롭게 만든 물질이 대부분이지요. 그래서 우리나라 '화학물질관리법'에서도 화학 물질이란 "인위적인 반응을 일으켜 얻어진 물질과 자연에 존재하는 물질을 화학적으로 변형·추출·정제한 것을 말한다."라고 정의하고 있어요. 현대 사회를 살아가는 우

─○ 레이첼 카슨은 『침묵의 봄』에서 살충제 때문에 "아침이면 울
새와 개똥지빠귀, 비둘기, 어치, 굴뚝새를 비롯해 수많은 새의
합창 소리로 요란했지만, 지금은 아무 소리도 들리지 않는다.
들과 숲, 습지에는 침묵만이 드리워져 있다."라고 말했다.

리는 어쩔 수 없이 매일매일 화학 물질을 만지고 먹고 들이마십니다. 화학 물질은 생활에 필요한 수많은 물건의 재료나 첨가제가 되어 우리 곁에 머물지요. 그래서 무엇이 유해 화학 물질인지, 어떤 물질이 얼마만큼 해로운지 아는 게 중요합니다.

케모포비아는 그만, 현명하게 피하고 지혜롭게 덜 쓰자

하지만 평범한 사람이 화학 물질 중에 뭐가 해롭고, 얼마나 써야 해롭지 않은지 아는 건 불가능에 가깝습니다. 게다가 화학 물질은 나쁜 성분이 꾸준히 몸속에 쌓여 몇 년에서 몇십 년이 지나야 증상이 나타나는 경우가 많아요. 그래서 병에 걸려도 화학 물질 때문인지 정확히 알기도 어렵지요. 모든 게 다 의심스럽고, 걱정과 불안만 점점 커져요. 따라서 어떤 화학 물질이 얼마나 해로운지에 관한 정보를 정부가 책임지고 국민에게 알려 줘야 합니다. 인터넷과 동영상에 떠도는 믿을 수 없는 정보에 휘둘리지 않도록요.

다행히 우리나라는 가습기 살균제 사건을 계기로 '생활화학제품'을 독립된 법에 따라 관리하고 있습니다. 또 환경부가 운영하는 웹사이트 '생활환경안전정보시스템 초록누리'에 들

안전확인대상생활화학제품 종류

세정제품	① 세정제	② 제거제		
세탁제품	① 세탁세제	② 표백제	③ 섬유유연제	
코팅제품	① 광택 코팅제	② 특수목적코팅제	③ 녹 방지제	④ 다림질보조제
접착·접합제품	① 접착제	② 접합제		
방향·탈취제품	① 방향제	② 탈취제		
염색·도색제품	① 물체 염색제	② 물체 도색제		
자동차 전용 제품	① 자동차용 워셔액	② 자동차용 부동액		
인쇄 및 문서관련 제품	① 인쇄용 잉크·토너			
미용제품	① 미용 접착제	② 문신용 염료		
살균제품	① 살균제 ④ 감염병 예방용 살균·소독제제	② 살조제 ⑤ 기타 방역용 소독제제	③ 가습기용 항균·소독제제	
구제제품	① 기피제 ④ 감염병 예방용 살충제	② 보건용 구제·방지·유인살충제 ⑤ 감염병 예방용 살서제	③ 보건용 기피제	
보존·보존처리제품	① 목재용 보존제	② 필터형 보존처리제품		
기타	① 초	② 습기제거제	③ 인공 눈 스프레이	

o 출처: 환경부

어가서 검색창에 제품 이름을 치면, 그 제품에 관한 정보를 바로 확인할 수 있어요.

기업들도 화학 물질을 시장에 내놓기 전에 충분히 안전성을 확인하도록 해야 합니다. 누구나 어떤 일이 생겼을 때 나서서 목소리를 내는 것보다는 '내가 알아서 잘 피하면 되지.' 하며 뒤로 물러나고 싶은 마음이 큽니다. 하지만 그렇게 혼자 헤쳐 나가기에 세상이 너무 복잡하고 위험해졌지요. 혼자 수집한 불확실한 정보와 지식으로는 위험을 피할 수 없기 때문에, 제품의 개발과 생산 과정 처음부터 정부와 기업이 시민을 보호하도록 강력히 요구해야 합니다.

예를 들어 가습기 살균제에 아주 크고 잘 보이게 "통에 물 1리터와 살균제 1뚜껑을 넣고 5초간 흔들어 준 후 물을 따라 버립니다. 세 번 이상 헹군 뒤 가습기를 사용하십시오."라는 설명이 붙어 있었다면 어땠을까요? 이런 것을 정부와 기업에 요구하고, 법이 만들어져 기업이 이를 따랐다면 그토록 어린 아기들과 임산부들이 고통스럽게 죽어 가진 않았을 거예요. 2020년 사회적 참사 특별조사위원회와 대학 연구진의 조사 결과에 따르면, 가습기 살균제로 인한 실제 건강 피해 경험자는 약 95만 명, 사망자는 약 2만여 명이나 되었습니다. 이런 일이 다시는 일어나서는 안 되겠지요.

화학 물질을 조심해야 하는 이유는, 여기저기 조금씩 들어 있는 화학 물질이 계속 차곡차곡 쌓인다는 사실이에요. 방에도, 차 안에도, 그리고 우리 몸속에도 쌓이지요. 그래서 자주 창문을 열어 환기를 하고, 한 가지 제품을 계속 여러 번 사용하지 않는 것이 좋습니다.

화학 물질을 조심하는 것도 중요하지만 잘못된 정보와 과도한 걱정으로 천연 물질이 무조건 안전하다는 착각에 빠지는 것도 경계해야 합니다. 이와 같은 화학 물질 공포증을 케모포비아라고 해요. 귤에 들어 있는 비타민C와 비타민제에 들어 있는 비타민C는 완전히 똑같은 물질입니다. 다만 귤에는 비타민C 말고도 우리가 아직 모르는 아주 다양한 성분이 들어 있기 때문에, 비타민제를 먹는 것과는 뭔가 다른 효과를 내는 것뿐이에요. 안전과는 크게 상관이 없지요.

마트에서 파는 세제가 나쁘다고 베이킹소다로 빨래를 하지만, 베이킹소다도 합성 화학 물질입니다. 반대로 독버섯이나 감자 싹, 복어 독, 곰팡이처럼 천연 물질 중에도 인간에게 해로운 독성 물질이 정말 많아요. 천연 물질이라는 마케팅에 속아서 검증되지 않은 더 해로운 유해 물질에 노출될 수도 있어요. 그것도 많은 돈을 들여서 말이에요.

우리는 화학 물질로 둘러싸인 이 세상을 벗어나 살 수는 없답니다. 그리고 화학 물질이 나쁜 것만은 아닙니다. 코로나 바이러스를 없애 주는 소독제가 없었다면 우리는 무척 힘들었을 거예요. 하지만 소독제를 너무 많이 쓰면 분명 피부에 문제가 생깁니다. 그래서 소독제가 정식 허가를 받은 제품인지, 한 번에 얼마큼 써야 하는지 알아 두고, 집에 돌아와서는 화학 물질이 몸에 쌓이지 않도록 손을 깨끗이 씻어야 해요.

우리는 앞에서 인공 물질이 자연 물질보다 환경에 좋을 수도 있다는 걸 알았습니다. 그리고 천연 물질이 화학 물질보다 더 나쁠 수도 있다는 사실도 알았지요. 인공과 자연, 합성과 천연을 가르는 것에 집착하기보다 정확한 정보 확인과 합리적인 의심이 훨씬 더 중요합니다. 가장 중요한 건 그게 무엇이든 덜 만들고, 덜 쓰고, 덜 먹고, 덜 버리는 삶을 사는 거예요. 이것이 대량 생산과 대량 소비가 불러온 화학 물질과 환경 오염의 비극에서 우리가 살아남을 수 있는 가장 확실한 방법이지요.

놓치지 마요

화학물질 핫&이슈 ▼

산호초 파괴하는 화학 물질 선크림 금지령

2021년 하와이와 태국에서 산호초를 파괴하는 성분이 들어간 자외선 차단제 사용이 금지됐다. 옥시벤존, 옥티녹세이트, 부틸파라벤, 4-메틸벤질리덴 캠퍼가 들어간 선크림 판매와 유통이 금지되었고, 이를 어기면 약 340만 원의 벌금이 부과된다. 남태평양의 섬들에서도 이미 판매 금지가 됐는데, 선크림에 포함된 옥시벤존은 올림픽용 수영장 6.5개 규모의 물에 단 한 방울만 들어가도 악영향을 미친다고 밝혀졌다.

환경 불안 요인 3위는 화학 물질

통계청이 실시한 '2020년 사회조사' 결과, 시민들은 우리 사회의 가장 큰 불안 요인으로 신종 질병, 경제적 위험, 국가 안보, 도덕성 부족, 환경 오염, 계층 갈등을 꼽았다. 이중 환경 문제에 대해 불안감을 느끼는 순서는 미세 먼지, 방사능, 유해 화학 물질, 기후 변화, 농약·화학 비료, 수돗물 순이었다.

전 세계 화학 물질 사고 끊이지 않아

2020년 레바논의 수도 베이루트에서 질산암모늄 폭발 사고가 일어나 200여 명이 사망하고 6000여 명이 다쳤다. 같은 해 우리나라 전자 회사의 인도 공장에서 가스 누출 사고가 일어나 15명이 숨지고 수백 명이 다쳤으며, 2021년 스리랑카 앞바다에 화학 물질을 실은 컨테이너선이 침몰해 고래, 돌고래, 바다거북 200여 마리가 떼죽음을 당했다. 우리나라에서는 한 해 평균 약 70건의 화학 사고가 발생하고 있다.

바이오 화학 물질이
환경 문제를 해결할 수 있을까?

○ 찬성 ○

1. 바이오 화학은 친환경 원료를 사용한다

바이오 화학 물질은 석유나 석탄에서 원료를 얻는 대신 유채, 콩, 보리, 옥수수, 사탕수수, 볏짚, 폐목재, 심지어 음식물 쓰레기와 배설물에서 원료를 얻는다. 화석 연료에 의존하지 않기 때문에 원료 고갈 염려가 없고, 효소와 미생물을 사용해 제품을 만들기 때문에 친환경적이다.

2. 바이오 화학 물질은 독성이 적다

친환경 원료로 만들기 때문에 자동차 연료로 사용하면 오염 물질이 적게 배출된다. 폐기할 때도 태우면서 발생하는 유독 가스가 적다. 땅에 묻으면 쉽게 분해된다. 이처럼 환경 오염의 위험이 적다.

3. 바이오 화학 산업의 가능성은 무궁무진하다

생분해 플라스틱, 바이오 섬유, 바이오 디젤뿐 아니라 화장품, 살충제, 세제, 페인트, 비료 등 다양한 분야에서 새로운 물질이 개발되고 있으며, 기후 위기의 원인인 탄소를 포집해 이를 원료로 사용하는 기술도 속속 등장하고 있다. 바이오 화학은 새로운 기술과 새로운 일자리를 만들어 내어 경제에 활기를 불어넣어 줄 것이다.

그래, 바이오 화학은
지구를 살리는 희망이 될 수 있어.

74

아니야, 섣부른 개발과 사용은 오히려 독이 될 수 있어.

✖ 반대 ✖

1. 원료 생산 과정에서 새로운 오염과 피해가 생겨날 수 있다

주재료가 곡물인 만큼 넓은 농경지가 필요해 숲을 베어 내야 하고, 작물을 기르는 과정에서 퇴비와 농약을 사용해 주변 환경을 오염시킨다. 또 곡물을 식량이 아닌 산업 제품의 원료로 사용하다 보면 기아에 시달리는 개발 도상국 시민들의 식량 상황을 더욱 악화시킬 수 있다.

2. 검증되지 않은 기술은 오히려 독이 될 수 있다

바이오 화학 물질이 독성 물질을 적게 배출한다는 연구 결과가 있는 반면, 일반 화학 물질과 비슷한 정도의 유해 물질이 있다는 연구 결과도 있다. 게다가 재활용이 어렵고, 폐기물 처리 조건도 까다롭다. 아직 부족한 점이 많은데도 섣불리 개발과 생산을 늘리면 예기치 못한 문제가 발생할 것이다.

3. 그린 워싱이 일어나 환경 오염을 부추길 수 있다

바이오 화학 물질이 실제로 얼마나 친환경적인지 검증 없이 친환경 효과를 과장해 제품 사용을 유도하고 좋은 기업 이미지를 덧씌우는 '그린 워싱', '녹색 거짓말' 효과에 이용될 것이다.

3

기후위기

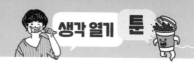

기후 위기가 불러온
바이러스 감염병,
또 다음을 준비해야지.

위생 수칙 지키는
감염 예방적 생활
적응 완료!

스스로 몸과 마음을
지키도록 해.

지친다. 끝이 없네.

기특하구나.
입에 비말이 마르도록 칭찬해 줄게.

어허, 우리 미래를 빼앗고 그런 말이 나옵니까.

그러지 마. 우리 윗세대가 이룬 문명은 대단한 거야. 덕분에 1일 1닭, 우리 손에 스마트폰이 있는 거야.

너희가 잃어버린 세대가 되지 않도록 우리가

알겠습니다!!

지구는 기다려 주지 않는다

그러지 마, 잘은 모르지만
나도 조금은 노력하고 있어

여러분은 죽어 가는 지구를 살려야 한다는 이야기를 태어날 때부터 들어왔을 거예요. 생태계가 파괴되고 있다고, 동물들이 멸종되고 있다고, 그래서 환경을 지켜야 한다는 말을 귀에 못이 박히도록 들어왔지요. 어릴 때부터 귀찮지만 세수하고 양치질할 때 물을 아끼려고 수도꼭지도 잠그고, 열심히 재활용품 분리수거도 하고, 음식물도 남기지 않고 다 먹고, 일회용품도 안 쓰려고 노력했을 거예요. 닭 공장, 돼지 공장이라고 부를 수밖에 없는 영상을 본 날은 그렇게 좋아하는 삼겹살과 닭튀김도 한번 참아 보았겠지요.

여러분은 대부분 "지구야, 아프지 마!" 하던 어린아이였을 거예요. 하지만 딱 그때까지, 딱 거기까지였을 것입니다. 우리는 청소년으로 자랐고 기후 변화는 더 심해졌다고 합니다. 생각해 보면 날씨도 더 사나워졌지요. 무엇보다 코로나19가 전 세계를 덮쳐서 모두의 삶이 멈추었는데, 바이러스 감염병도 근본 원인은 기후 변화 때문이니까요.

하지만 우리의 일상은 코로나19를 지나면서도 크게 달라지지 않았습니다. 마스크를 쓰는 것 말고는 여전히 학교와 집과 학원을 오가며, 더운 날 플라스틱 컵에 담긴 시원한 음료수를 플라스틱 빨대로 쭉 빨아 먹지요. 문득 거북도 생각나고 어릴 때 느끼던 죄책감도 되살아나지만, 곧 이런 사소한 노력이 지구를 살리는 데 얼마나 도움이 될까 의심스럽고요. 잘못은 내가 기껏 분리배출한 빨대를 아무렇게나 처리해 쓰레기가 바다로 흘러들어 가게 만든 폐기물 업체에, 그러니까 돈에 눈이 멀어 양심을 버리는 어른들에게 있다고 말하고 싶을 만큼 우리는 자랐습니다.

기후위기

　기후 변화가 심각해서 기후 위기라고 하지만, 사실 정말로
지구가 죽어 가고 있는지조차 의심스러울 때도 있을 거예요.
동영상과 사진으로 불타는 숲과 녹아내리는 빙하를 보긴 하
지만, 내가 사는 도시는 사람도 그대로, 건물도 그대로, 자동
차도 전부 그대로니까요. 코로나로 텅 비었던 도시는 언제 그
랬냐는 듯 다시 소란하고, 백신도 뚝딱 개발해 내는 인류의 기
술력이면 어떻게든 해결될 것 같습니다. 마트와 편의점에 가
면 먹거리와 물건이 나날이 많아지고 좋아지는데, 도대체 뭐

가 위기라는 건지 알 수가 없지요. 위기는 환경이 아니라 경제에 있다고, 많은 사람이 그렇게 생각하고 있으니까요.

그런 우리에게 '탄소 배출을 줄여야 한다.' '지구 기온 상승을 1.5도로 제한하지 않으면 파국이 온다.'라는 말은 잘 다가오지 않습니다. 탄소 배출이라니, 왠지 복잡하고 어려운 이야기일 것만 같지요. 또 봄가을이면 하루에도 낮과 밤의 온도 차이가 10~20도나 되는 나라에서 그깟 1~2도가 뭐 그렇게 큰일인지 잘 이해하기 힘들 거예요.

여러분만 어리둥절한 건 아닙니다. 기후 위기를 만들어 낸 어른들도 이해하고 싶어 하지 않지요. 문제를 해결하려면 지금 당장 일상생활부터 산업 구조까지 다 바꿔야 하는데, 생각할수록 복잡하고 피곤한 일이니까요. 그래서 설마 그렇게 큰일이 일어나겠나 싶어 그냥 가만히 있는 거예요. 문제는 나중에 더 커질 테니 다음 세대가 알아서 하겠지, 하고 떠넘기는 것입니다.

그래요. 불행히도 여러분은 폭탄 돌리기에 당첨된 거예요. 그것도 지구를 다 날려 버릴 정도로 강력한 시한폭탄이요. 폭탄의 정체도 모르는 채로 어쩌다 보니 폭탄 처리 팀이 되었지만, 다행히 함께 폭탄을 제거하기 위해 노력하는 사람이 굉장히 많습니다. 무엇보다 과학이 우리 편이니까 우리에겐 승산이 있습니다. 자, 폭탄의 뇌관부터 살펴볼까요?

이 멋진 줄무늬 속에
기후 변화 폭탄이 숨어 있다고?

폭탄의 뇌관은 의외로 간단합니다. '인간 때문에 지구 기온이 점점 올라가고 있고, 이로 인해 돌이킬 수 없는 치명적인 기후 재앙이 다가오고 있다.'는 사실이지요.

이 말을 어떻게 믿냐고요? 기후 변화 문제를 해결하기 위해 전 세계 과학자들로 구성된 조직인 '유엔 산하 기후 변화에 관한 정부 간 협의체(IPCC)'의 말이기 때문이지요. IPCC는 1988년부터 지금까지 매우 엄격한 과정을 거쳐 여섯 차례의 기후 변화 보고서를 냈습니다. 195개 나라의 뛰어난 과학자 수백 명이 함께 보고서를 쓰면, 다시 수천 명이 넘는 각 분야 전문가가 이를 검토해 발간하지요. IPCC 보고서는 지금 지구가 처한 상황을 보여 주는 거울이자 나침반인 셈입니다.

기상학자인 영국 레딩 대학교 에드 호킨스(Ed Hawkins) 교수가 1850년부터 2020년까지의 기후 변화를 모아 만든 기후 줄무늬(Climate Stripe)를 살펴볼까요?(88~89쪽에서 확인할 수 있어요.) 파란색이 진할수록 기온이 낮아 춥고, 빨간색이 진할수록 기온이 높아 뜨겁습니다. 분명 무겁고 심각한 이야기를 담고 있는데, 굉장히 멋집니다. 호킨스 교수는 지구가 지금 얼마나 뜨거워지고 있는지 다른 설명 없이도 알 수 있도록 한눈에 보여 주고 싶었다고 해요.

기후줄무늬 사이트 #ShowYourStripes에 꼭 한번 들어가서 우리나라 줄무늬를 찾아 보세요. 기후줄무늬는 모두에게 공개되어 있습니다. 사람들은 이 기후줄무늬를 옷과 넥타이, 가방과 자동차의 디자인으로 사용하면서 기후 변화에 공감하고 있어요.

시간이 지날수록 점점 새빨개지는 기후줄무늬를 보니, 지금이 위기 상황이라는 느낌이 확 들지요? 그렇다면 지구 기온은 실제로 얼마나 올랐을까요? 1850년대와 비교해 1.09도 상승했어요. 170년 동안 약 1도라니, 겨우 1도라니. 고작 1도가 올랐는데 이게 뭐가 큰일인지 의아할 수도 있어요. 자연스러운 의문이지만, 우리가 평소에 날씨와 기후를 구분하지 않아 생기는 과학적 무지이지요.

우리는 흔히 날씨와 기후를 착각합니다. 심각한 기후 위기 시대를 살려면 날씨와 기후의 구분은 필수 생존 지식이에요.

기후위기

날씨란 비 오고 눈 내리고 바람 불고 춥고 더운, 우리가 매일 겪는 기상 상태입니다. 기후는 30년 동안 날씨의 평균 상태이고요. 대기과학자이자 기후 변화 전문가인 조천호 교수는 "날씨는 기분이고 기후는 성품"이라고 말합니다. 기분은 변덕스러울 수 있어도 본래 성격은 잘 변하지 않으니까요.

예를 들어 사하라 사막에 어쩌다 소나기가 내리는 날씨도 있겠지만 사하라 사막은 본래 건조한 기후이고, 알래스카에 어쩌다 더운 날씨도 있겠지만 알래스카는 본래 추운 한대 기후입니다. 날씨는 하루에도 10도가 넘게 오르내리며 비가 내렸다 그쳤다 요란하게 변하지만, 기후는 오랜 시간 거의 변하지 않습니다. 기후의 변함없음이 어느 정도냐면, 0.1도만 오르내려도 큰 기후 변화로 취급되지요.

그래서 '오늘 날씨는 어제보다 1도 높다.'와 '오늘날 평균 기온은 170년 전보다 1도 높다.'는 달라도 너무 다른 말이에요. 수억 년 전 공룡이 출현하기 시작했던 무렵의 지구는 매우 뜨겁고 건조한 기후였다고 해요. 북극에서 악어 조상들이 헤엄칠 정도였지요. 그런데 그때 평균 기온은 지금보다 고작 3도가량 높았을 뿐입니다. 인간이 그때 살았다면 숨조차 제대로 쉬지 못할 만큼 가혹한 기후였는데도요. 지구 평균 기온은

과거 170년 동안 전 지구 지표면 온도의 변화

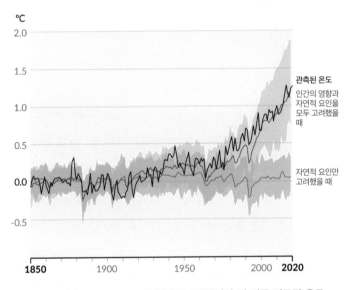

℃

관측된 온도
인간의 영향과
자연적 요인을
모두 고려했을
때

자연적 요인만
고려했을 때

—○ 산업화 이전(1850~1900년) 대비 2011~2020년의 전 지구 지표면 온도
는 1.09도 상승했다. 갈색 부분은 인간의 활동 때문에 상승한 현재 지구
온도를, 녹색 부분은 만약 인간이 없었더라면 유지되었을 지구 온도를
나타낸다.

○ 출처 : IPCC 6차 보고서, 2021.

아주 약간만, 1도나 2도 정도만 올라가더라도 엄청나게 큰 문제가 발생하는 것입니다. 1850년보다 고작 1.09도 상승한 지구에 폭염, 태풍, 산불, 집중 호우, 한파, 폭설이 몰아치는 이유이지요.

지구는 어쩌다 따뜻하다 못해 뜨거운 행성이 되었을까?

지구의 기온은 왜 올라갈까요? 조금 떨어진 곳에서 지구라는 행성을 바라보면 답을 알 수 있어요. 태양의 빛과 열은 우주를 가로질러 지구로 들어옵니다. 지구는 그걸 적외선으로 바꿔 반사하고요. 지구에는 우리가 대기권이라 부르는, 온 행성을 감싸고 있는 얇은 공기층이 있어요. 그리고 공기 속에 있는 몇몇 기체가 지구로 들어온 열이 빠져나가지 못하게 잡아둡니다. 바로 온실가스이지요.

이산화탄소(CO_2), 메탄(CH_4), 이산화질소(NO_2), 불화탄소를 함유한 혼합물들(CFCs, HCFCs, HFCs, PFCs)과 같은 온실가스 덕분에, 지구는 생명이 살기 좋은 따뜻한 행성이 되었습니다. 만약 온실가스가 없었다면 지구 평균 기온은 약 영하 18도였을 거라고 해요. 이처럼 온실가스는 지구 기온을 좌우합니다. 온

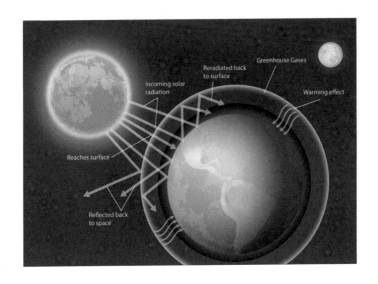

실가스가 많아져 농도가 높아지면 기온이 올라가고, 반대로 농도가 낮아지면 기온이 떨어지지요.

기후 변화라고 하면 오늘날만의 문제일 것 같지만, 지구의 길고 긴 역사 속에서 당연히 여러 차례의 기후 변화가 있었습니다. 태양 활동이 변하거나 운석이 충돌하거나 화산이 대규모로 폭발하거나 빙하기가 와서 지구 기온이 갑자기 오르내렸지요. 약 2억 5000만 년 전에도 엄청난 화산 폭발로 기후 위기가 발생해, 용암이 끓어 땅속 석탄층에 불이 붙고 무시무

시한 산불이 지구를 휩쓸었다고 해요. 그 결과 공기 중에 온실 가스 농도가 높아져 지구 기온이 상승했고 바다 수온은 40도, 육지 기온은 60도로 올라갔습니다. 살이 다 익어 버릴 듯 끔찍하게 뜨거운 온도이지요. 결국 바다 생물 95퍼센트, 육지 생물 70퍼센트가 절멸하는 '페름기 대멸종'을 맞고 말았습니다.

그런데 궁금합니다. 왜 석탄이 타고 나무가 불타는데 온실 가스 농도가 높아지는 걸까요? 그 답은 이산화탄소가 쥐고 있습니다. 이산화탄소는 공기 중에 있다가 수십, 수백 년에 걸쳐 바다에 녹아들고, 수천 년에 걸쳐 바위 속에 갇히기도 해요.

이산화탄소를 제일 잘 가두는 건 생명체입니다. 지구에 있는 생명체는 모두 탄소(C) 기반 생명체로 진화해 왔어요. 단백질, 지방, 탄수화물, DNA처럼 생명체를 구성하는 중요한 분자는 모두 기다란 탄소 원자 사슬에 다른 원자가 붙어서 만들어졌지요. 이렇게 만들어진 물질을 유기물, 유기체라고 해요.

식물은 공기 중의 이산화탄소로 광합성을 해서 탄소를 얻고, 동물은 식물을 먹어 탄소를 얻습니다. 그렇게 탄소는 생명체의 몸에 차곡차곡 쌓이고, 생명체가 죽으면 탄소도 함께 땅에 묻혀요. 석탄, 석유, 천연가스 같은 화석 연료는 땅속에 묻힌 동식물이 수백만 년 동안 높은 열과 압력을 받아 만들어졌습니다. 화석 연료 속에는 그야말로 탄소가 듬뿍 들어 있는 것이지요.

그래서 화석 연료가 불타면 그 속에 갇혀 있던 탄소가 공기 중으로 빠져나옵니다. 산불이 나면 나무 속에 들어 있던 탄소가 공기 중으로 빠져나오고요. 이렇게 빠져나온 탄소는 산소와 결합해 다시 이산화탄소가 되겠지요? 이산화탄소는 대표적인 온실가스이니 당연히 온실가스 농도가 높아지고, 지구 기온도 쭉쭉 올라갑니다. 탄소야말로 온실가스 농도를 결정하고 지구 기온을 들었다 놨다 하는 핵심 열쇠인 거예요.

탄소 순환

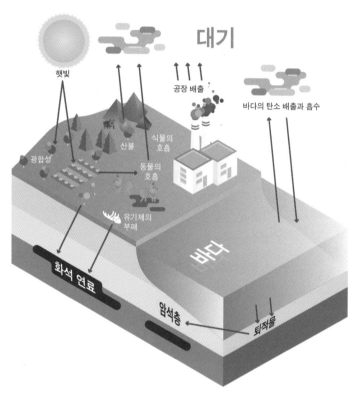

햇빛

대기

공장 배출

바다의 탄소 배출과 흡수

산불

식물의 호흡

광합성

동물의 호흡

유기체의 부패

바다

화석 연료

암석층

퇴적물

─○ 지구에서 탄소가 순환하는 모습

큰 문제가 없는 한 탄소는 여기저기 갇히고 빠져나오기를 반복하면서 땅, 바다, 공기와 생명체 사이를 빙글빙글 순환합니다. 지구를 이루는 육지와 바다, 대기와 그 안의 모든 생명체가 서로 깊이 얽혀 영향을 주고받는, 놀랍고도 정교한 시스템이에요. 그러면서 탄소는 수십만 년 동안 안정적인 농도를 유지해 왔답니다. 지구 기온 역시 평온했고요. 그런데 불행히도 이 오랜 균형이 깨지고 말았습니다. 바로 우리 인간들 때문이지요.

기후 변화를 일으킨 세 가지
산업 혁명, 화석 연료, 탄소 배출

18세기 후반인 1760년 무렵, 영국에서 산업 혁명이 시작되었습니다. 그전까지 인류는 주로 나무를 때서 밥을 짓고 난방을 하고 수공업품을 만들며 살아왔지요. 그러느라 탄소를 배출하긴 했지만, 지구의 탄소 순환에 큰 영향을 끼칠 정도는 아니었어요.

하지만 산업 혁명과 함께 석탄을 에너지로 쓰기 시작하면서 모든 것이 바뀌었습니다. 석탄은 곧 나무를 대신해 생활 연료가 되었고, 새로 발명한 증기 기관을 움직이는 연료가 되었습니다. 석탄과 증기 기관의 만남으로 수많은 공장의 기계가 쉬지 않고 돌아가기 시작했고, 땅 밑 석탄 속에 잠자고 있던 탄소가 대량으로 배출되기 시작했습니다.

석탄이 고갈될 위험에 빠지자 석유로, 석유가 고갈될 위험에 빠지자 천연가스로 대체하면서 인간은 그렇게 지난 250년 동안 엄청난 양의 화석 연료를 태웠습니다. 화석 연료를 태워 얻은 에너지로 공장에서 온갖 물건을 넘치도록 생산하고, 도시를 확장하고 고층 빌딩을 올리고, 마음껏 에어컨을 틀고 난

방을 하고, 셀 수 없이 많은 자동차와 비행기와 기차를 움직였습니다. 그렇게 필요 이상으로 많이 만들고, 많이 쓰고, 많이 이동하고, 많이 버리면서 쉬지 않고 엄청난 탄소를 배출하고 있는 거예요.

탄소를 내뿜는 것도 모자라, 인간은 광합성으로 지구의 탄소를 흡수해 주는 나무도 베어 냅니다. 종이와 휴지와 가구와 건물을 만드는 것도 모자라 열대 우림의 울창한 숲을 밀어 버리고 소와 소가 먹을 사료를 기르지요. 소의 트림과 방귀는 메탄가스이고, 메탄가스는 이산화탄소보다 수십 배나 강력한 온실가스입니다. 유엔식량농업기구(FAO)의 2019년 통계에 따르면 전 세계에는 15억 7000마리의 소가 있다고 해요. 소가 내뿜는 탄소량은 지구 전체 배출량의 15퍼센트를 차지하고 있습니다.

탄소량·배출량
온실가스가 공기 중으로 빠져나온 양을 '배출량'이라 한다. 모든 온실가스 배출량은 이산화탄소로 환산해 '탄소량'으로 표시하는데 이를 이산화탄소 환산톤(CO2e)이라 한다.

또 인도, 필리핀, 베트남 등 남아시아 바다의 맹그로브 숲을 밀고 새우 양식장을 만들었습니다. 맹그로브는 물속에 잠긴 뿌리가 서로 얽혀 해안가에서 숲을 이루며 30미터 높이까지 자라 울창한 숲을 이룹니다. 태풍과 해일, 해안 침식을 막아 주는 맹그로브 숲을 지난 50년 동안 3분의 1이나 없애 버린 거지요.

지금까지의 이야기를 정리하면 다음과 같습니다. "산업화 이후 인간이 화석 연료를 사용하며 배출한 탄소가 지구 기온을 올렸고 기후 변화를 불러왔다." 한심하게도 이 단순한 이야기를 인간들은 몇십 년 동안이나 의심했습니다. 1980년대 후반부터 1990년대까지 지구 온난화에 대한 우려가 처음 제기되었을 때는 기후 변화가 음모론 취급을 받기도 했어요. 기후 변화는 '인간 탓'이 아니라 자연스러운 과정일 뿐, 누군가 이익을 얻기 위해 이를 퍼뜨렸다는 거지요.

하지만 화석 연료를 생산하는 글로벌 석유 화학 기업들이 기후 변화를 부정하는 단체에 뒷돈을 댔다는 사실이 드러나고, 무엇보다 시간이 지날수록 기후 재난이 잦아지면서 이제 기후 변화를 부정하는 사람은 거의 없습니다. 그 대신 기후 변화가 심각한 위기 수준은 아니라고 말하는 사람들이 많아졌습니다. 당장 지구가 멸망하고 인류가 멸종할 것처럼 협박하지 말라고, 너희는 위험을 부풀리고 문제를 과장하고 있다고 주장하지요.

정말 그럴까요? 그러고 보면 한참 전부터 기후 변화로 빙하가 녹아 육지가 다 잠긴다더니 극소수 섬나라 빼고는 멀쩡

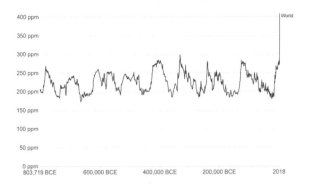

─○ 이 그래프는 80만 년 동안의 탄소 농도 변화를 보여 주는 그래프로, 오늘날 탄소 농도가 거의 수직으로 가파르게 상승했음을 알 수 있다.

◦ 출처: EPICA record(2015)&NOAA(2018)

합니다. 높아진 탄소 농도로 광합성이 촉진돼 식량도 나무도 더 잘 자라고 추운 지방도 살기 좋아졌다고 하고요. 날씨는 좀 변덕스러워졌지만, 그렇다고 경제 성장을 멈추고 산업을 축소하고 생활 방식까지 바꿀 필요는 없을 것 같나요?

진실을 외면하는 순간 파국이 찾아온다

절대 그렇지 않습니다. 인간은 이미 기후 변화로 인한 전 지구적 재난의 위력을 경험했습니다. 바로 코로나19 감염병의 세계적 유행이지요. 첫 확진자가 발생하고 1년 반이 지난 2021년 여름까지 2억 명의 확진자가 발생하고 450만 명이나 사망했습니다.

전 세계적 팬데믹으로 6개월 동안에만 실직자가 약 1억 5000만 명, 경제적 손실만 3조 8000억 달러(한화 4566조 원)라고 하는데 얼마큼 큰돈인지 짐작도 안 됩니다. 다행히 백신이 개발되고 접종이 시작되었지만, 이 사태가 쉽게 가라앉기는 힘들 것 같습니다.

코로나19를 계기로 사람들은 기후 변화에 대해 조금 더 진지하게 생각하기 시작했습니다. 숲을 밀고 도로를 건설하는

등 인간이 직접 생태계를 파괴하는 데 더해 기후 변화로 인한 산불과 가뭄은 상황을 악화시켰지요. 숲이 사라져 터전을 잃고 갈 곳을 잃은 바이러스는 결국 인간을 공격합니다. 도시에 모여 살고 끝없이 이동하고 여행하는 생활 방식도 바이러스를 더 빨리 더 많은 곳으로 퍼뜨립니다. 동물 학대에 가까운 공장식 축산은 신종 바이러스가 생겨나기 딱 좋은 환경입니다. 메르스, 에볼라, 지카 바이러스 등 신종 감염병이 폭발한 시기와 기후 변화가 악화된 시기가 정확히 겹치는 이유이지요.

코로나19보다 더 암울한 이야기도 있습니다. 인간이 그렇게 엄청나게 탄소를 배출했는데도 지구가 버텨 준 것은, 고맙

게도 바다 덕분이었습니다. 하지만 언제까지 바다가 탄소를 흡수해 줄 수는 없습니다. 한계점에 도달하는 순간이 곧 돌아옵니다. 빙하는 어떨까요? 북극곰도 불쌍하지만, 그보다 더 큰 문제는 기온 상승으로 빙하가 녹는다는 사실이에요. 하얗게 빛나는 빙하는 햇빛을 반사해 지구 기온을 낮춰 줍니다. 그런 빙하가 녹으면 지구 기온이 더 올라가고, 빙하는 더 많이 녹아 햇빛을 더 적게 반사하고, 그러면 다시 지구 기온이 올라가고……. 이렇게 점점 더 증폭되는 작용을 '되먹임'이라고 합니다. 악순환이지요.

탄소를 품어 주던 숲은 어떨까요? 기온 상승으로 가뭄이 들고, 가뭄은 산불을 불러오고, 산불은 엄청난 탄소를 공기 중에 내뿜어 다시 기온이 더 오르고, 가뭄은 더 심해지고 산불은 더 자주 일어나고 탄소는 더욱더 많이 배출되어 기온은 더욱더 오르고……. 이런 되먹임이 지구 곳곳에서 발생하면 어떻게 될까요?

북극해 아래 드넓은 툰드라에는 1년 내내 녹지 않는 영구 동토층이 있습니다. 그곳은 죽은 동물, 식물, 미생물 등 어마어마한 생명의 잔해를 수만 년 동안 냉장고처럼 가두고 있어요. 영구 동토층이 머금은 탄소량은 공기 중 온실가스의 2배

나 됩니다. 지구 기온이 상승해 영구 동토층이 녹으면 엄청난 메탄가스가 쏟아져 나오게 됩니다. 메탄가스는 탄소보다 기온 상승효과가 20배나 높으니 폭탄과 다를 바 없지요. 그 뒤의 일은 상상하기 무서울 정도입니다.

　무거운 짐을 진 낙타는 더 이상 견딜 수 없는 순간 짐 위에 바늘 하나만 얹어도 쓰러집니다. 티핑포인트, 급변점이라 불리는 순간이지요. 고무줄을 너무 세게 잡아당기면 다시 탄성을 회복하지 못하고 끊어져 버리는 순간과 같습니다.

　기후 변화 전문가인 호주 국립대학교 윌 스테판(Will Steffen)

교수는 지금과 같은 탄소 배출이 계속되면 지구가 파국의 입구로 들어선다고 경고합니다. 도미노가 쓰러지듯 돌이킬 수 없는 연쇄 반응이 일어날 거라고 예측하지요.

지구의 온도가 더 올라가서 바다, 빙하, 산불이 난 숲, 녹아내리는 동토층이 한꺼번에 들끓고 거대한 기후 재앙이 폭발하기 시작하면 어떤 탈출구도 없습니다. 우리가 공장과 자동차를 멈추고 탄소 배출을 '0'으로 만들어도 이미 파국으로 치닫기 시작한 지구 시스템을 어떤 방법으로도 멈추게 할 수 없다는 거지요. 그대로 대멸종이 시작되는 거예요. 지구는 이미 여러 차례 그렇게 자신의 행성에서 생명체를 멸종시켜 왔습니다. 이번에는 소행성의 충돌이나 대규모 화산 폭발이 아니라 인간의 끝 모를 질주 때문이라는 점이 다를 뿐이지요.

그동안 인간의 탄소 배출로 지구 기온이 산업화 이전보다 1.09도 상승했습니다. 파국의 온도는 얼마일까요? 단 2도 상승입니다. 그래서 지금의 기후 변화는 '기후 위기'이자 '기후 비상사태'입니다. 이 절박함 앞에서 과학자들은 2018년 IPCC 총회를 열어 지구의 기온 상승이 1.5도를 넘지 않도록 해야 한다고 결의했습니다. 그러기 위해 2050년까지 전 세계 탄소 배출량을 '0'으로 만들자고 합의했지요.

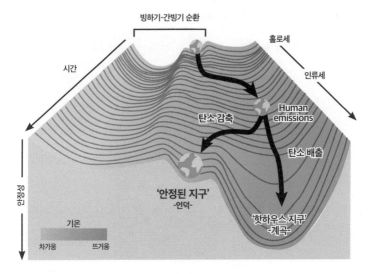

빙하기-간빙기 순환

홀로세

시간

인류세

Human
emissions

탄소 감축

탄소 배출

'안정된 지구'
-언덕-

'핫하우스 지구'
-계곡-

안정성

기온

차가움　　　뜨거움

—◦ 우리는 지금 돌이킬 수 없는 대멸종의 파국으로 가는 길과 경로를 돌려
안정된 상태로 가는 길 사이 갈림길에 서 있다.

◦ 출처 : PNAS, Trajectories of the Earth System in the Anthropocene, 2018.

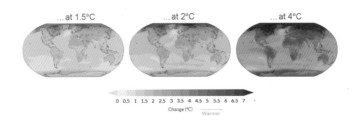

... at 1.5°C　　... at 2°C　　... at 4°C

0　0.5　1　1.5　2　2.5　3　3.5　4　4.5　5　5.5　6　6.5　7
Change (°C)　　Warmer →

—◦ 지구 평균 기온이 1.5도, 2도, 4도 상승할 때 지구의 변화. 극지방은 평
균보다 더 높은 온도가 되어, 빙하가 빠르게 녹아 해수면도 가파르게 상
승하게 된다.

◦ 출처 : IPCC 제6차 보고서, 2021.

하지만 불과 3년 뒤인 2021년, 우리는 기후 재앙의 마지노 선이 10년이나 더 앞당겨졌다는 사실에 직면했습니다. 불행히도 지구 기온 상승이 예상보다 더 가파르게, 더 빨리 진행된 거예요. 이대로라면 최대한의 노력을 하더라도 20년 안에 기온 상승은 1.5도를 웃돌고, 극한 폭염은 지금의 8배, 태풍과 가뭄과 집중 호우는 지금은 2배로 잦아진다고 해요.

30년 안에 북극 빙하가 모두 녹고, 그러면 해양 순환이 멈춰 북반구가 다 얼어붙을 수도 있습니다. 수십 년 내로 어떤 불행이 다가와도, 어떤 재앙이 닥쳐도 이상하지 않은 세상이 되었다는 거지요. 오늘 내가 견딜 만한 날씨 아래 서 있다고 해서 5년 뒤, 10년 뒤에도 그럴 거란 보장은 결코 할 수 없습니다. 20년 뒤에는 상상조차 못 했던 하늘 아래 살게 될지도 모릅니다.

한번 배출된 탄소는 오랜 시간 대기에 머무릅니다. 현재 우리가 겪는 기후 위기는 수십 년 전 인간 활동의 결과인 셈이지요. 오늘 우리가 배출하는 탄소가 가져올 재앙은 아직 도착하지도 않은 거예요. 지금 당장 탄소 배출을 줄인다 해도, 우리는 더 뜨겁고 더 사나운 지구를 견디면서 앞으로 나아가야 합니다. 더 이상 머뭇거릴 시간이 없습니다.

놓치지 마요

기후위기 핫&이슈 ▼

기후 재앙, 10년이나 앞당겨지다

2021년 8월, 기후 변화에 관한 정부 간 협의체인 IPCC의 6차 보고서가 나왔다. 지구 기온 상승이 인간에 의한 것임을 명백히 했으며, 20년 안에 산업화 이전보다 1.5도 상승 가능성이 매우 크다고 밝혔다. 이 전망은 2018년보다 10년 앞당겨진 것으로, 기후 위기에 대응할 시간이 얼마 남지 않았음을 경고했다.

기후 난민 현실화

2021년 그리스와 터키의 산불, 독일과 중국의 폭우로 수백만 명이 집을 잃는 등 기후 재앙으로 인한 기후 난민이 급증하고 있다. 2019년 기후 난민은 약 2500만 명으로 전쟁 난민보다 3배나 더 많았으며, 세계경제포럼은 2050년까지 약 12억 명의 기후 난민이 발생할 것으로 전망했다. 기후 난민은 저개발 국가뿐 아니라 미국, 독일, 호주 등 선진국에서도 해마다 수백만 명씩 발생하고 있다.

약자 위한 지구 공학 실험 중단

성층권에 탄산칼슘 입자를 뿌려 햇빛을 반사시키는 지구 공학 프로젝트 '스코펙스'는 지구 기온 상승을 막는 실험이다. 그런데 2021년 4월 실험 연기를 선언했다. 이 실험으로 아시아, 아프리카, 남아메리카에 폭우 등 부작용이 생길 수 있다는 판단 때문이었다. 이 지역은 온실가스를 거의 배출하지 않았음에도 기후 재난에 가장 큰 피해를 입고 있다.

기후 위기를 막기 위해 탈성장을 해야 할까?

○ 찬성 ○

1. 탄소를 가장 빠르게 줄이는 방법이다

기후 위기는 인간의 화석 연료 사용으로 인한 탄소 배출이 지구 기온 상승을 불러와 일어난 재앙이다. 탈성장은 꼭 필요한 만큼만 에너지와 자원을 사용하는 절제된 사회, 자연과 공존을 꿈꾸는 소박한 삶을 추구하므로, 지금보다 훨씬 적게 탄소를 배출하게 된다.

2. 기후 위기의 근본 원인을 제거해야 한다

화석 연료를 태양광, 풍력 등 친환경 에너지, 신재생 에너지로 바꾸면 되겠지만 그럴 시간도 모자랄 만큼 기후 재앙이 가까이 다가왔다. 당장 공장과 자동차를 최대한 멈추고 에너지에 의존하는 생활 방식을 버리는 탈성장이 필요하다.

3. 성장 중독에서 벗어나야 희망이 있다

자본주의 산업 문명은 돈과 금융이 움직여야 유지되는 사회이다. 그러기 위해 경제 성장이라는 이름으로 사람들을 계속 자극해 끝없이 생산하고 끝없이 소비하도록 부추긴다. 이런 성장 위주의 사회는 지구를 망가뜨릴 수밖에 없다. 성장 대신 공존을 선택해야 한다.

그래, 모든 걸 바꾸지 않으면 재앙을 막을 수 없어.

아니야, 지금 필요한 건 탈성장보다 그린 뉴딜이야.

✖ 반대 ✖

1. 경제가 성장해야 기후 위기도 극복할 수 있다

유럽 대도시의 강이 아시아 대도시의 강보다 훨씬 깨끗하다. 선진국보다 저개발 국가의 환경이 더욱 오염되어 있다는 건 상식이다. 경제가 성장해서 당장 먹고사는 문제가 해결되어야 환경 문제에 눈을 돌리고 기후 위기 대응에 필요한 비용을 마련할 수 있다.

2. 녹색 기술 성장을 이끄는 그린 뉴딜이 대안이 될 수 있다

지금 세상은 인공지능과 생명 공학이 우리 삶을 지배하는 첨단 과학 사회이다. 당장 공장과 기계를 멈추고 아날로그적인 삶의 방식으로 돌아가는 것보다 새로운 에너지 개발, 탄소 포집 기술의 개발, 기후 위기를 극복해 줄 기술에 투자하는 게 훨씬 더 현명하고 현실적인 해결책이다.

3. 성장 기회를 박탈하면 약자가 고통받는다

자본주의 경제 성장을 멈추면 아직 도로나 발전소, 산업 시설 등을 갖추지 못한 저개발 국가는 최소한의 인간다운 삶을 누릴 기회조차 박탈당한다. 선진국에서도 가난한 사람들이 성공할 기회가 사라질 것이다. 탈성장보다 친환경 기술이 이끄는 경제 성장이 모두를 위해 필요하다.

4.

에너지

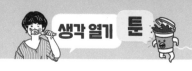

날씨가 미쳤나 봐.
이렇게 더울 거면 망고라도 나든가.

미세 먼지, 자동차 매연 때문에
숨쉬기도 힘들다.

이게 다 석유, 석탄, 화석 에너지 때문이야.
앞으로는 전기 자동차를 타야 해.
전기는 깨끗, 안전, 상쾌~!

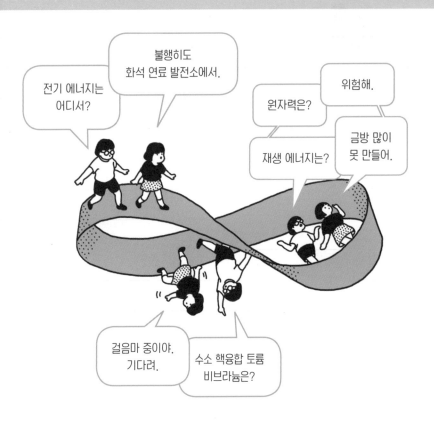

어느 날 모든 불이 꺼진다면

스마트폰을 충전할 수 없는
그런 무서운 날이 온다고?

여러분은 어떤 상황이 제일 겁나고 무서운가요? 아마 스마트폰 배터리가 나갔는데 충전기가 어디에도 보이지 않을 때일 거예요. 그다지 친하진 않지만 꼭 알고 지내야 하는 친구들이 모인 단체 채팅방에서 대화를 하던 중 이런 일이 생겼다면, 마음이 타들어 가는 듯 초조하겠지요. 다행히 충전기를 찾아 돼지코를 콘센트에 꽂고 충전 케이블을 스마트폰 단자에 연결하는 순간, 전기는 빛의 속도로 내 스마트폰에 스며들

어 스마트폰과 나를 동시에 살려 줍니다. 이 전기가 바로 에너지라는 걸 모르는 사람이 있을까요?

끝없이 수다를 떨고 잠시도 몸을 가만히 두지 못하는 친구는 에너지가 넘쳐 보입니다. 에너지 드링크 안에는 설탕과 카페인이 듬뿍 들어 있어서 마시는 순간 에너지가 솟아난다는 착각을 심어 주지요. 이럴 때 에너지는 어떤 종류의 '힘'을 말하는 것 같아요.

우리가 직접 보거나 만질 수 없지만, 우리는 에너지를 사용해 모든 일을 합니다. 어둠을 밝히고, 음식을 익히고, 무언가를 만들고, 무언가가 움직이도록 합니다. 과학은 에너지를 어떻게 정의할까요? '에너지는 일을 할 수 있는 능력이다.'라고 정의해요. 물리학에서 '일'은 힘과 거리의 곱입니다. 아침을 든든히 먹고 온종일 벽을 밀면 분명히 무언가를 했고 배도 고프지만, 과학적으로는 일을 전혀 하지 않은 것입니다. 벽이 안 움직였으니까요.

과학이 정의하는 에너지가 현실과 미묘하게 동떨어져 있는 것처럼 느껴지는 이유는, 에너지에 관한 모든 법칙과 공식이 지금처럼 에너지를 물 쓰듯 쓰는 세상이 되기 훨씬 전에 밝혀졌기 때문입니다.

에너지

인간은 어떻게 에너지를 물처럼 쓸 수 있게 되었을까요? 모든 것은 태양에서 시작되었지요. 식물은 태양 빛을 흡수해 자라나고 동물은 그 식물을 먹고 살아갑니다. 인간의 역사는 동식물을 먹어 몸을 움직이고, 나무를 태워 빛과 열을 얻으며 시작되었습니다. 에너지는 음식에도, 나무에도 들어 있다고 말할 수 있어요. 당연히 석탄, 석유, 천연가스 같은 화석 연료에도 듬뿍 들어 있습니다.

화석 연료를 태워 얻은 에너지로 인간은 휘황찬란한 현대 자본주의 문명을 건설했습니다. 그리고 그 대가로 기후 위기와 맞닥뜨렸지요. 화석 연료를 태움으로써 온실가스인 탄소가 엄청나게 배출되었기 때문입니다.

모든 것이 얼어붙었던 빙하기에서 따뜻한 간빙기가 되기까지는 1만 년이 걸렸습니다. 인간은 그와 비교하면 20배를 훌쩍 넘는 속도로 지구 기온을 올렸습니다. 탄소가 순식간에 지구 기온을 끌어올렸지요. 대기과학자이자 기후 변화 전문가인 조천호 교수는 이 상황이 고속도로를 시속 100킬로미터로 달리다가 갑자기 액셀러레이터를 밟아 시속 2000킬로미터로 달리게 된 것과 같다고 말합니다. 상상만으로도 아찔한 속도입니다. 그렇게 지구 평균 기온은 산업 혁명이 시작된

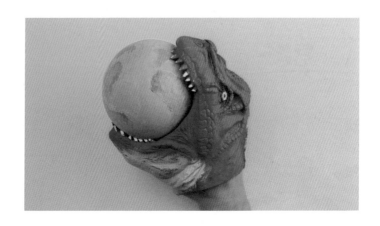

1850~1900년과 비교해 약 1도 상승했습니다. 1도 상승만으로 폭염, 폭설, 혹한, 가뭄, 태풍, 산불 등 이상 기후 현상이 더 자주, 더 강력하게 나타나고 있지요. 지구 기온이 산업화 이전보다 2도 더 상승하면 생태계와 인간 사회는 돌이킬 수 없는 파국을 맞이하기 때문에, 우리는 최선을 다해 기후 저지선 1.5도를 지켜야 합니다.

그러려면 탄소 농도가 더 이상 증가하지 않도록, 탄소 배출량을 '0'으로 만들어야 합니다. 그렇다고 모두가 숨도 쉬지 말자는 이야기가 아닙니다. 인간 활동에 의한 탄소 배출량이 지구의 탄소 흡수량과 같아지게 줄이자는 거예요. 플러스인 배

출량과 마이너스인 흡수량을 더하면 '0'이 될 테니까요. 이것을 '탄소 중립', '넷제로(Net-Zero)'라고 부릅니다. 이를 위한 모든 실천을 '기후 행동'이라고 말하지요.

기후 위기의 원인도 과학적으로 파악했고, 앞으로 일어날 일도 과학적으로 예측했고, 우리가 무엇을 해야 하는지도 과학적으로 설정했으니 이제 행동만 하면 될 텐데, 정말이지 쉽지 않습니다. 과학자나 전문가, 환경에 관심이 많은 사람을 제외하고 대부분의 평범한 사람들은 기후 위기의 진실을 잘 모릅니다. 게다가 그다지 이해하고 싶어 하지도 않지요. 무엇보다 탄소 배출량을 줄인다는 게 절대 쉬운 일이 아니에요.

그래도 우리는 어떻게든 탄소 배출을 줄여야 합니다. 그러려면 우선 화석 연료부터 확 줄여야 해요. 비닐봉지보다 에코백을 만들 때 탄소가 더 많이 배출되니까 그냥 비닐봉지를 편하게 쓰자는 속없는 주장도 무시하지 못할 만큼, 지금 우리에겐 탄소를 줄이는 일이 중요하고 절박합니다.

2020년에 코로나19로 세계 경제가 거의 멈추다시피 했을 때도 전 세계 탄소 배출량은 기껏해야 5퍼센트 정도밖에 줄지 않았습니다. 여태껏 이 행성의 모든 산업과 경제를, 인간의 모든 활동을 이만큼 멈춘 적이 없었는데도 말이지요. 단순히 공장을 덜 돌리고 비행기와 자동차를 덜 움직이는 것만으로는 배출량을 줄일 수 없다는 것을 확실히 알게 된 경험이었습니다.

기후 위기 시대의 에너지는 탄소가 결정한다

탄소를 줄이려면 인간 활동의 어느 분야에서 탄소를 뿜어내고 있는지 알아야 합니다. 우리는 시멘트, 철, 플라스틱 등 제조업에서 무언가를 만들 때 화석 연료를 사용하고 그 결과로 탄소를 배출합니다. 또 식량을 위해 농수축산업에서 무언가를 기를 때도 화석 연료를 사용하고 그 결과로 탄소를 배출합니다. 자동차, 배, 비행기 등 운송 수단으로 이동할 때도 화석 연료를 사용하며 그 결과 탄소를 배출합니다. 겨울과 여름에 난방과 냉방을 할 때도 화석 연료를 사용하고 탄소를 배출합니다. 마지막으로 전기를 생산할 때 화석 연료를 사용하고 탄소를 배출하지요.

결국 알고 보면 인간이 탄소를 배출하는 이유는 화석 연료를 '에너지'로 쓰기 때문입니다. 에너지를 얻는 과정에서 탄소를 배출하는 것이지요. 만약 에너지를 화석 연료가 아니라 다른 곳에서 얻는다면, 다시 말해 탄소를 배출하는 화석 연료가 아닌, 탄소를 배출하지 않는 다른 에너지를 쓴다면 지구에 희망이 있는 것입니다.

그리고 우리는 이미 그런 에너지를 알고 있고, 실제로도 사용하고 있습니다. 바로 전기 에너지입니다. 전기 에너지는 깨끗하고, 편리하고, 탄소를 배출하지 않습니다. 전기 자동차를 볼까요? 물론 전기 자동차와 배터리를 만드는 과정에서는 탄소가 배출되겠지만, 자동차가 달리는 동안에는 탄소를 배출하지 않지요. 매연도 배출하지 않고요. 예를 들어 전기로 움직이는 지하철이 배출하는 탄소는 버스의 5.5퍼센트밖에 안 됩니다.

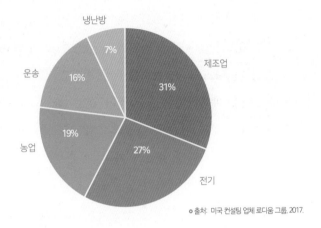

◦ 출처: 미국 컨설팅 업체 로디움 그룹, 2017.

─○ 2017 활동별 탄소 배출량 비율

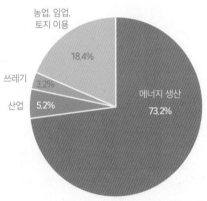

◦ 출처: Climate Watch, the World Resources Institute, 2020.

─○ 2020 분야별 탄소 배출 현황

문제는 우리가 전기 에너지를 얻는 방법입니다. 우리나라 전기의 70퍼센트가 중유, 천연가스, 석탄 등 화석 연료를 이용해 생산됩니다. 전기는 탄소를 배출하지 않지만, 전기를 얻기 위해 탄소를 배출하면 무슨 소용이 있겠어요?

다행히 우리는 탄소를 배출하지 않고도 전기를 생산하는 방법을 알고 있습니다. 바로 원자력 에너지와 수력 에너지, 태양광이나 풍력 등을 이용하는 신재생 에너지 발전입니다. 이런 에너지로 전기를 만들면 발전소를 짓고 운영하는 일에는

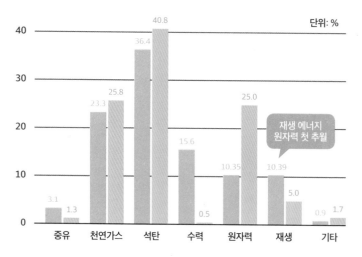

─○ 에너지원별 발전 비중(2019년 기준)

탄소를 배출하지만, 전기를 만드는 과정에서는 탄소가 거의 발생하지 않습니다.

만약 화석 에너지에서 이런 에너지로 '에너지 전환'을 이룰 수 있다면 우리는 기후 변화에 대응할 수 있겠지요. 탄소를 배출하지 않는 에너지들을 하나씩 살펴볼까요?

먼저 수력 에너지가 있습니다. 적당한 강에 댐을 지어 물을 높이 가둔 다음, 수문을 열어 물이 아래로 떨어지는 힘을 이용해 터빈을 돌려 전기를 생산합니다. 위치 에너지가 전기 에너지로 바뀌는 것이지요.

수력 발전의 역사는 꽤 오래되었습니다. 강을 가로질러 댐을 짓는 일은 매우 큰 공사라서, 1930년대에 대공황 이후 실업자에게 일자리를 주고 무너진 경제를 일으키기 위한 뉴딜 정책으로 추진되었지요. 우리나라도 한국 전쟁 이후 산업화를 이루기 위한 첫걸음으로 댐을 여럿 지었습니다.

수력 에너지는 일단 댐이 완성되면 탄소를 거의 배출하지 않는 깨끗하고 저렴한 에너지입니다. 그러나 댐 건설은 대규모 공사라서 댐을 짓는 동안 엄청난 탄소를 배출하고, 근처 자연을 파괴하는 데다 그곳에 살던 사람들과 야생동물들의 보금자리가 물에 잠겨 사라집니다. 예전에 유럽과 미국에 댐이

—○ 뉴딜 사업을 대표하는 미국 후버 댐. 현재는 친환경 저탄소 사업으로 일자리를 늘리고 경제를 되살리는 '그린 뉴딜' 정책이 추진되고 있다.

지어지던 시절에는 환경 보호나 탄소 배출에 대한 개념이 거의 없었기 때문에 아무런 방해 없이 많은 댐을 지을 수 있었어요. 선진국들은 댐을 지을 만한 곳에는 이미 다 발전소를 지었기 때문에 수력 발전은 에너지 전환에 큰 의미가 없습니다.

하지만 개발 도상국들은 이제야 댐을 건설하기 위해 노력합니다. 예전 선진국들처럼, 일자리를 만들고 안정된 전기를 공급해 가난에서 벗어나기 위해서지요. 그런데 그 과정에서 숲을 보호하고 탄소 배출을 막으려는 사람들과 부딪히는 일이 많습니다. 이럴 때 우리는 어떤 선택을 지지해야 할까요? 가난한 나라 사람들에게 수력 발전소 대신 신재생 에너지 발전소를 지으라고 해야 할까요? 이 문제에 관한 답은 신재생 에너지를 더 살펴봐야 알 수 있겠지요.

많이들 알고 있겠지만 신재생 에너지는 새로운 재생 에너지를 말합니다. 재생 에너지란 햇빛인 태양광, 바람인 풍력, 파도인 파력, 화산이나 온천 근처 땅의 뜨거움인 지열, 밀물과 썰물의 차이인 조력처럼, 인간이 특별히 무언가를 하지 않아도 계속 자연에서 보충되고 재생되는 에너지를 가리킵니다. 예전부터 조금씩 시도하던 재생 에너지 발전에 '너희는 화석 연료를 대신할 새로운 에너지다.'라는 의미를 부여해 '신(新)' 자를 붙여 신재생 에너지라고 부릅니다.

바람과 태양이 만드는 미래의 에너지

태양광 발전을 하려면 태양 전지가 필요합니다. 태양 전지란 태양의 빛 에너지를 전기로 바꿔 주는 장치로, 태양열 전지판, 태양광 패널, 태양광 모듈이라고도 합니다. 네모반듯한 태양열 전지판이 줄지어 늘어선 모습을 많이 보았을 거예요. 색상은 주로 파란색, 검은색, 남색인데 어두운색이 태양열을 더 많이 흡수하기 때문이에요.

태양광 발전의 가장 큰 장점은 수십억 년이 지나 태양이 백색왜성이 되어 운명을 다할 때까지 에너지원인 태양 빛이 거의 무한하다는 사실입니다. 그리고 탄소와 오염 물질을 거의 배출하지 않고요. 생각해 보면 태양 에너지 덕분에 자라난 식물과 동물의 사체가 화석 연료가 된 것이니, 지구 에너지의 근원인 태양 에너지를 잘 활용한다면 인류는 에너지 걱정 없이 살 수 있을 것 같습니다.

태양광 발전의 원리는 1839년 프랑스 물리학자 알렉산더 베크렐(Alexander Becquerel)이 열아홉 살 때 아버지의 연구실에서 처음 발견했다고 해요. 그 후 꾸준히 연구가 이어져 1950년대에 실리콘을 소재로 한 태양 전지를 만들었습니다. 하지만 실제로 사용되기에는 너무 비싸고 비효율적이었어요. 그래서 우주선이나 인공위성 등에만 사용되었지요. 그런데 1970년대 중동 전쟁으로 국제 석유값이 치솟아 전 세계가 오일 쇼크를 겪게 되면서 엄청난 투자와 개발이 이루어졌습니다. 지붕에 태양 전지를 얹는 방식 등 지금 우리가 쓰는 태양광 발전의 바탕이 그때 마련되었어요.

하지만 거기까지였습니다. 태양광 발전은 여러 가지 단점이 있었어요. 전쟁이 끝나자 석유값은 안정되었고, 셰일 가스 덕분에 석유와 천연가스 생산량이 크게 늘면서 태양광 발전은 뒤로 밀려났습니다. 그러다 기후 변화와 탄소 감축이라는 절박한 요구에 다시 대체 에너지로 주목받게 되었지요.

셰일 가스
퇴적암인 셰일에서 뽑아낸 석유와 천연가스. 땅속 깊이 시추해 물과 화학 약품을 고압으로 쏘아 지층을 부수는 프래킹 기술로 추출한다. 200년 넘게 쓸 수 있는 매장량으로 2015년 이후 석유 고갈 문제를 단숨에 해결했다. 지하수 오염, 지반 가라앉음, 가스 누출 문제가 있다.

하지만 태양광 발전은 여전히 큰 단점을 갖고 있습니다. 첫 번째 단점은 태양 에너지가 간헐적이라는 점입니다. 밤에는 태양 전지를 충전할 수 없고, 맑은 날과 흐린 날 생산하는 전기 차이가 매우 큽니다. 긴 겨울 동안은 말할 것도 없지요. 두 번째 단점은 태양 전지를 설치하려면 매우 넓은 공간, 즉 엄청난 땅이 필요하다는 점입니다. 지구는 땅을 얻으려고 열대 우림을 밀어 버릴 만큼 이미 도시와 공장 부지, 농지와 목장으로 가득 차 있습니다.

풍력 발전도 태양광 발전과 똑같은 장점과 단점을 갖고 있습니다. 바람의 운동 에너지를 전기 에너지로 바꾸기 때문에 재료는 무료이고 무한하지만, 바람은 언제나 불지 않지요. 또 날개 지름이 100~200미터에 기둥 높이가 100~200미터나 되

──○ 위의 사진처럼 햇빛이 강한 사막이나 넓은 평원이 있는 호주나 미국 캘
리포니아는 대규모 태양광 발전소를 짓기에 좋지만, 아래 사진처럼 우
리나라는 태양광 패널을 설치할 곳도 적고, 설치하면서 산림 훼손이 이
루어지는 경우가 많다.

는 엄청난 크기의 풍력 발전기 블레이드를 설치하려면 태양광 발전보다 더 많은 땅이 필요합니다.

해와 바람은 온종일, 그리고 1년 내내 전기를 생산하지 못합니다. 하지만 우리는 계속 전기가 필요합니다. 가장 먼저 떠올릴 수 있는 해결 방법은 '배터리'입니다. 마치 스마트폰처럼 전기가 생산될 때 배터리에 저장했다가 필요할 때 꺼내 쓰는 거지요. 하지만 우리는 스마트폰 배터리가 얼마나 비싼지, 또 얼마나 수명이 짧은지 잘 알고 있습니다.

발전소에, 혹은 집집마다 전기를 저장해 둘 수 있는 엄청나게 크고 성능이 좋으며 가격이 저렴한 배터리를 만들어 내려면 어마어마한 개발 비용과 엄청난 개발 시간이 필요합니다. 우리에겐 시간이 없고요.

그렇다면 지금 운영되는 태양광 발전소와 풍력 발전소는 이 문제를 어떻게 해결하고 있을까요? 전기가 적게 생산되는 것을 대비해, 발전소 옆에 천연가스 발전소를 지었어요. 석탄 발전소보다는 깨끗하고 탄소를 덜 배출하겠지만, 신재생 에너지와 화석 에너지가 항상 세트로 묶이는 것은 완벽한 대안이 될 수 없어요.

태양광과 풍력은 보통 전기를 적게 생산하지만, 조건이 좋으면 아주 많이 생산하기도 합니다. 많이 생산하면 좋을 것 같지만, 이것도 꽤 큰 문제입니다. 왜냐하면 많이 생산한 전기를 전력망이 감당하지 못하기 때문이지요.

에너지가 우리 집으로 연결되는 방법, 그리드

스마트폰을 충전해 주는 고마운 전기가 어떻게 우리 집 콘센트까지 연결되는지 생각해 본 적이 있나요? 우리 집 전기는 도대체 어디에서 올까요? 벽 속에 감춰진 전선은 집 밖으로 나가 전봇대로 연결됩니다. 전봇대에 연결된 고압 전선과 케이블은 커다란 송전탑들을 지나 도시 근처에 세운 화력 발전소로 연결되어 있고요. 전선과 전봇대와 송전탑과 발전소가 연결된 이 전력망에는 전기를 안전하고 끊임없이 흐르게 하는 계량기, 변압기, 변전기, 스위치와 퓨즈 같은 장치가 가득하고요. 이처럼 전기를 공급하기 위해 설치된 모든 것과 이것을 제어하는 시스템을 '그리드'라고 부릅니다.

우리는 평소에 이 그리드를 완전히 잊고 살아갑니다. 스위치를 누르면 불이 켜지고, 콘센트에 코드를 연결하고 전원 버튼을 누르면 전기가 들어오니까요. 그러다 정전이 되면 잠깐

전기의 소중함을 깨닫지만, 그때도 이 전기가 어디서 오는지는 생각하지 않습니다. 심지어 정전도 거의 안 일어나지요. 우리나라 정전 시간은 1년에 9.6분입니다. 독일 15분, 일본 11분, 미국 138분과 비교하면 세계 최고 수준의 전기 시스템을 갖추고 있다는 것을 알 수 있습니다. 그리드가 정말 잘 갖추어져 있는 거지요.

그런데 전 세계에 안정적인 전기를 공급하는 이 그리드 시스템은 신재생 에너지와 잘 맞지 않습니다. 사실 태양광 발전과 풍력 발전의 가장 큰 문제는 그리드와의 충돌일지도 몰라요. 화석 연료를 태우는 발전소는 에너지 생산량을 정확히 조절할 수 있습니다. 그래서 전류가 그리드를 통해 늘 안정적으로 공급되지요.

하지만 태양광 패널은 너무 맑은 날, 그늘이 드리운 날, 겨울 해가 짧은 날에 따라 전기 생산량이 늘었다 줄었다 요동을 칩니다. 바람도 당연히 늘 일정한 세기로 불지 않기 때문에 전류 생산량이 오르내리고요. 전류의 전압과 주파수도 요동을 치겠지요. 그래서 뜨거운 햇빛으로 전기가 많이 생산되는 여름에는 전력망에 과부하가 걸려 모든 전기 공급 시스템이 멈추지 않도록 태양광 발전소 전원을 내려 버릴 수밖에 없는 거

예요.

　문제는 또 있습니다. 햇빛이 강한 곳과 바람이 잘 부는 곳은 정해져 있어요. 모든 나라가 태양광과 풍력에 적합하지는 않다는 거예요. 게다가 대개 이런 곳은 도시와 멀리 떨어져 있습니다. 결국 바람이 많이 부는 산에서 도시까지 엄청나게 길고 많은 전선과 송전탑을 연결해야 하지요. 전기를 많이 쓰는 공장 지대와 도시 근처에 발전소를 짓고, 차에 화석 연료를 싣고 와서 발전기를 돌리는 시스템은 신재생 에너지와 충돌하는 거예요.

독일은 지난 10년간 큰돈을 쓰고, 여러 어려움을 겪으며 신재생 에너지 비율을 40퍼센트로 끌어올렸습니다. 하지만 그 과정에서 새로 송전탑을 건설하는 일로 많은 갈등을 겪고 있지요.

우리는 전기가 생산되는 방식뿐만 아니라 전기가 공급되는 방식에도 관심을 기울여야 합니다. 이러한 그리드를 강조하는 이유는 재생 에너지를 반대하기 위해서가 아니라, 재생 에너지가 우리의 미래가 되어야 하기 때문입니다. 이것을 이해해야 시스템이 변화하는 동안 겪어야 할 수많은 불편과 어려움을 인내하며 받아들일 수 있고, 그래야 에너지 전환도 이루어질 테니까요.

다행히 우리는 이미 '스마트 그리드'를 구축하고 있습니다. 인터넷 통신망을 이용해 전력 회사와 시민들이 양방향으로 통신할 수 있지요. 디지털 계량기로 검침 비용도 줄이고 전기를 얼마나 어떻게 사용하는지 모두 알 수 있습니다. 여름날 에어컨 사용이 절정에 이를 때 전력이 부족해 정전이 예상되는 곳도 바로 알고 대처할 수 있어요. 태양광 에너지와 풍력 에너지의 가장 새로운 점은 누구나 전기를 생산할 수 있다는 사실이에요. 집에 태양광 패널을 설치하면 쓰고 남는 전기를 누군가에게 주거나 팔 수 있습니다. 이럴 때 스마트 그리드 시스템이 큰 도움이 되겠지요.

가장 필요한 사람들에게 가장 깨끗한 에너지를

선진국은 기후 변화에 큰 책임이 있습니다. 탄소를 마음껏 배출하며 경제를 발전시켜 왔으니까요. 하지만 폭염과 태풍, 산불과 가뭄으로 가장 큰 피해를 입는 사람들은 가난한 나라 사람들입니다. 가난한 나라가 경제를 성장시킬 때 가장 필요한 것은 전기입니다. 불행히도 지구에는 10억 명이나 되는 사람들이 아직도 나무를 연료로 쓰고, 집집마다 연결되는 전기 공급 시스템이 없는 곳에서 살아가고 있습니다. 이런 나라에 화석 연료 발전소 대신 아직 선진국에서도 전기 공급에 어려움을 겪고 있는 태양광 발전소나 풍력 발전소를 지으라고 말할 수 있을까요? 수력 발전소가 자연환경을 파괴한다며 반대해도 될까요?

사실 신재생 에너지도 자연환경을 파괴합니다. 풍력 발전기 터빈이 돌아가는 시끄러운 소리에 돌고래가 혼란을 겪고, 발전기를 세우기 좋은 바람길은 날개 달린 생물들이 이동하는 길이라 수많은 새와 곤충이 발전기에 부딪혀 죽어 가지요. 그럼에도 불구하고 화석 연료보다는 더 많은 생명을 구할 수 있기에 우리는 신재생 에너지를 선택해야 합니다. "거봐, 똑같이 나쁘다고!" 하면서 반대하는 게 아니라, 어떻게 하면 돌고래와 새와 곤충을 다치지 않게 할지 연구하고 해결책을 찾아야 해요.

실제로 노르웨이 과학자들은 흰색인 풍력 터빈 날개 중 하

—○ 개발 도상국에 적정 기술로 보급되는 작은 태양광 페트병 조명. 의미 있는 시도지만, 사람들은 스위치를 누르면 언제든 쓸 수 있는 제대로 된 전기를 더 원한다.

나를 검은색으로 칠했고, 그 결과 조류 사망률이 70퍼센트나 줄었습니다. 놀랍지 않나요? 게다가 풍력 발전에 희생되는 새보다 대기 오염, 수질 오염, 그리고 도심의 고층 건물 유리창에 부딪혀 죽는 새가 훨씬 더 많습니다. 우리는 잘 알지요. 풍력 발전을 반대하는 사람들이 아니라 지지하는 사람들이 유리창에 새들을 위한 충돌 방지 스티커를 붙인다는 사실을 말이에요. 우리가 지구 전체를 회복하는 방향으로 나아갈 때 더 많은 생명을 지킬 수 있습니다.

모든 것을 한꺼번에 바꾸기란 당연히 힘들 거예요. 대신 이미 있는 것을 개선하면서 미래를 빨리 준비해야 합니다. 화력 발전소에 탄소를 포집하는 장치를 빠짐없이 설치하게 만들고, 더 이상 짓지 않아야겠지요.

개발 도상국이 수력 발전소를 지어야 한다면 최대한 탄소를 덜 배출하는 방식으로 짓도록 도와야 합니다. 또 이미 짓고 있는 화력 발전소가 있다면 역시 최대한 탄소를 덜 배출하는 방식으로 짓되, 더 이상 짓지 않도록 도와야 합니다. 그다음은 신재생 에너지를 이용할 수 있도록 선진국이 최선을 다해 지원해야겠지요. 선진국은 마땅히 그럴 의무가 있습니다. 어쩌면 선진국과는 달리 예전의 전력망이 깔려 있지 않기 때문에,

○ 케냐의 아프리카 최대 규모인 투르카나 호수 풍력 발전소.
유럽투자은행이 총사업비의 3분의 1을 대출하고 유럽과 아프리카 기업
으로 구성된 컨소시엄이 추가 자금을 보탰다. 터빈 부품을 제작한 덴마
크 기업이 케냐 항구 도시에서 투르카나까지 1200킬로미터의 거리를
2000회 이상 왕복하고, 200킬로미터의 도로를 재포장해 발전소 건설을
도왔다.

새로운 혁신이 먼저 성공할 수도 있습니다.

　개발 도상국이 화석 에너지로 경제 성장을 하게 놓아 두는 것이 정의가 아닙니다. 화석 에너지는 이미 지구를 위험에 빠트렸고, 개발 도상국의 화석 에너지 사용은 기후 변화를 더 악화시킬 테니까요. 그렇게 되면 모두가 나락에 빠집니다. 그 대신 개발 도상국의 에너지 전환을 선진국이 도와야 합니다. 우리는 그런 지원을 약속하는 정치인에게 투표해야 하고, 그런 지원에 뛰어드는 기업의 물건이나 주식을 사야 하고요.

　세계의 수많은 과학자와 공학자, 혁신가와 전문가가 에너지 전환 기술 개발에 뛰어들고 있습니다. 여러분도 그중 한 사람이 될지도 몰라요. 그게 아니더라도 에너지를 덜 쓰고, 고기를 덜 먹고, 쓰레기를 덜 만들면 됩니다. 여러분이 지구를 걱정하는 마음으로 했던 작은 노력들은 절대 헛되지 않습니다. 나 혼자만의 행동이 세상을 구할 수는 없지만, 100만 명의 행동은 세상을 구할 수 있으니까요.

더 중요한 것은 정부와 기업에게 올바른 에너지 전환을 강력히 요구하는 것입니다. 빠르면서도 올바른 방법은 찾으면 언제나 있으니까요. 에너지 이야기를 하면서 원자력 발전 이야기를 하지 않은 이유도 여기에 있습니다. 원자력 발전이 탄소를 배출하지 않는 것은 중요한 장점이지만, 인간이 가진 에너지 중에 가장 위험하지요. 우리나라에서는 시민과 전문가가 모여 원자력 발전에 관한 의견을 모으는 공론화 과정을 거쳤습니다. 그래서 운영하던 것은 최대한 안전하게 운영하고, 짓던 것은 마저 짓고, 앞으로는 짓지 않기로 했습니다. 원자력 발전을 당장 멈출 수 있다면 좋았겠지만, 지금 우리가 처한 현실적 상황에서 내릴 수 있는 최선의 선택이었지요. 상황이 바뀌면 다음에는 다른 결과가 나올지도 모릅니다. 중요한 것은 우리 앞에 닥친 지구의 위기 앞에서, 우리는 언제나 지구와 생

에너지

태계와 인간 모두를 위한 최선을 선택해야 함을 잊지 않는 것입니다.

세계는 지금 제로에너지 빌딩 열풍

기후 위기 대응을 위한 친환경 빌딩, 생태 건축, 제로에너지 하우스가 주목받고 있다. 제로에너지 빌딩은 단열 성능을 극대화해서 난방과 냉방 장치를 최소한으로 사용하며 신재생 에너지를 활용해 건물에 필요한 에너지를 공급한다. 2025년 완공 예정인 아마존 본사 헬릭스도 에너지 절약 빌딩으로 짓고 있다.

바다, 신재생 에너지에 자리를 내주다

국토가 좁고 산이 많은 우리나라에서 바다가 청정 재생 에너지 공급의 대안이 되고 있다. 2025년까지 새만금에 여의도 면적 10배의 세계 최대 규모 수상 태양광 발전 시설이 건설될 계획이다. 2017년 완공된 제주 탐라해상풍력 발전단지에 이어 한림해상풍력발전사업도 추진되고 있다.

2050 탄소 중립 선언

2021년 5월 29일 '2050 탄소중립위원회'가 공식 출범했다. 이 위원회는 국내 탄소 중립 정책의 컨트롤타워 역할을 담당하는 대통령 직속 기구이다. 이에 따라 2050년까지 탄소 순 배출량을 '0'으로 줄이기 위한 노력이 본격적으로 시작되었다고 할 수 있다.

화석 에너지를 모두 신재생 에너지로 전환해야 할까?

○ 찬성 ○

1. 기후 위기를 막기 위해 화석 에너지 사용을 금지해야 한다

산업 혁명 이후 석탄, 석유, 천연가스 등 화석 연료를 에너지로 사용하면서 기후 위기가 시작되었다. 화석 연료가 뿜어내는 탄소를 막기 위해 화석 연료 사용을 당장 금지해야 한다.

2. 신재생 에너지에 지구를 살릴 희망이 있다

태양광 에너지, 풍력 에너지와 같은 신재생 에너지는 원료 고갈의 위험이 없고, 채굴과 가공 비용도 없으며, 무엇보다 탄소를 배출하지 않는 청정 에너지이다. 따라서 기후 위기를 막을 수 있는 최고이자 최선의 선택이다.

3. 신재생 에너지 전환 비용이 기후 재난 피해 복구 비용보다 적다

해마다 폭염, 산불, 태풍, 가뭄, 홍수, 한파 등 기후 재난이 심해지고 있고 앞으로는 더욱 심해질 것이다. 에너지 전환에 따른 비용이 아무리 크다 해도, 천문학적으로 늘어나는 기후 재난 피해 복구 비용보다 적다.

그래, 탄소를 뿜어내는 화석 에너지를 하루빨리 퇴출시켜야 해.

아니야, 에너지 전환은 신중하게 중립적으로 이루어져야 해.

✖ 반대 ✖

1. 신재생 에너지가 모든 것을 대체하기에는 아직 부족하다

기술 개발로 신재생 에너지 발전소를 건설하는 비용이 줄고 에너지 효율이 높아지고 있지만 모든 에너지 수요를 감당하기에는 여전히 갈 길이 멀다. 불안정한 발전량, 태양광 패널과 풍력 터빈의 환경 파괴, 발전소 건설 과정에서의 탄소 발생 등의 문제도 해결해야 한다.

2. 에너지 전환보다 전력망 등 기반 시설 준비가 먼저다

송전탑, 전봇대, 고압 전선과 케이블 등 수십 년 동안 화석 에너지에 맞춰 만들어진 전기 공급 시스템은 신재생 에너지가 만드는 전기에 잘 맞지 않는다. 화석 에너지 발전소와 원자력 발전소를 당장 멈추는 대신, 새로운 기술을 개발하고 건설하는 동안 에너지 혼란을 뒷받침해 줄 동반자로 삼아야 한다.

3. 개발 도상국의 경제 성장을 막을 수 있다

경제 성장을 위해서는 에너지 공급을 위한 발전소 건설이 필수이다. 가난한 나라에 아직 불안정하고 건설 비용도 비싼 신재생 에너지 발전소만 건설하라고 강요해서는 안 된다. 탄소 감축을 이유로 개발 도상국의 경제 발전을 막는 것은 불평등하다.

5

생물다양성

커피, 아보카도 생태계 악당 지정!
퇴출 전 마지막 구매 찬스~

바나나 멸종 경보!
한정판 바나나 껍질 운동화 출시~

꿀벌 멸종 임박!
벌꿀 아듀 세일 놓치지 말아요~

여섯 번째 대멸종 앞에서

그래서 인류세 대표 화석이
닭 뼈라고요?

지구의 역사를 1년, 즉 365일로 바꾸어 보면, 인간은 마지막 날인 12월 31일 오전 10시에 등장합니다. '마지막 날'이라니, 왠지 오늘날의 지구와 무척 어울리는 날짜 선택입니다. 혹시 인류세라는 말을 들어 보았나요? 처음 들으면 무슨 사람한테 매기는 세금 같지만, 지질 시대의 명칭입니다. 영어로는 앤트로포신(Anthropocene)이라고 하지요.

인간은 지구의 모습을 크게 바꾸어 놓았습니다. 얼마나 크게 바꾸었는지, 땅속에 묻힌 화석을 살피고 암석의 나이를 계산해 지질 시대를 구분하는 과학자들이 "이건 정말 새로운 시

대 구분과 새 이름이 필요할 정도로 너무 다른 새로운 시대
야."라고 판단할 정도였지요.

지질 시대라고 하면 공룡과 쥐라기 정도밖에 모르는 사람
이 대부분입니다. 지금 우리가 살고 있는 시대는 1만 2000년
전부터 시작된 신생대 제4기 홀로세라는 걸 아는 사람은 거의
없을 거예요. 그래도 켜켜이 쌓인 지층이 하나의 시대를 나타
내고 각 층에는 그 시대에 많이 살던 생물 화석이 떼로 발견

된다는 것 정도는 알지요.

그렇다면 땅속에 도대체 뭐가 묻혀 있길래 인류세가 탄생했을까요? 답을 짐작하기는 어렵지 않습니다. 당연히 콘크리트, 플라스틱, 아스팔트처럼 인공물들이 가득 들어차 있을 테니까요. 그럼 인류세를 대표하는 생물 화석은 무엇일까요? 고생대는 삼엽충, 중생대는 암모나이트와 공룡 화석이니 혹시 인간일까요? 과학자들은 황당하게도 '닭'이라고 대답합니다. 먼 미래에 외계인이 지금 우리가 살아가는 인류세의 지층을 파헤치면, 지구 전체에서 골고루 많이도 묻힌 닭 뼈 화석을 발견할 거라고요.

실제로 닭은 지금 지구에 약 230억 마리가 있다고 해요. 77억 인류의 3배나 되니, 고기를 먹으려는 인간의 끈질긴 노력이 맺은 결실이라고 봐야 할까요? 미래에서 온 외계인이 '지구의 주인은 닭'이라고 생각해도 이상하지 않겠어요. 그리

고 외계인은 또 다른 특징을 찾아낼 거예요. 바로 동물을 비롯한 생물 종이 갑자기 급격히 줄어든 모습이지요. 인간이 이 지구에서 벌인 일들은 이렇게 고스란히 땅속에 남고 있습니다.

지구에는 그동안 다섯 번의 대멸종이 있었습니다. 빙하기, 거대 운석 충돌, 대규모 화산 폭발이 원인이었지요. 여섯 번째 대멸종이 일어난다면 그 원인은 인간일 게 분명합니다.

하지만 인간이 환경을 파괴한다는 사실을 스스로 알게 된 건 최근입니다. 그것도 파괴된 환경, 그러니까 인간의 활동으로 오염된 공기와 물과 땅이 인간을 힘들게 하자 겨우 정신을 차린 것에 가깝습니다.

환경이란 무엇일까요? 흔히 푸른 산, 푸른 바다, 맑은 공기라고 생각하지만 그렇지 않아요. 환경의 '환(環)' 자는 고리를 뜻하는 한자어예요. 영어 'environment'도 둥근 원, 주변을 의미하는 프랑스어 'iron'에서 왔습니다. 그래서 환경은 '어떤 것을 둘러싸고 있는 것'을 말해요. 중심에 인간이 있고 주변에 자연이 있는 풍경이지요.

인류가 처음 환경 문제에 관심을 가질 때만 해도, 환경 보호는 인간이 스스로를 위해 주변 자연을 보호한다는 의미가 컸어요. 하지만 점점 환경 보호라는 단순한 개념으로는 지구를 살릴 수 없다는 것을 깨닫게 되었지요.

그 대신 '생태'라는 말을 더 많이 사용하게 되었습니다. '생태'는 원래 훼손되지 않은 자연 속에서 생물들이 살아가는 상태를 일컫는 말입니다. 모든 생물이 서로서로 깊은 관계를 맺고 살아가는 것을 말하지요. 인간 역시 그 구성원 중 하나이므로, 모든 생명체를 존중해야 한다는 마음이 들어 있는 말입니다. 이렇게 다행히 인간은 늦게라도 지구에 닥친 문제를 해결하기 시작했습니다.

지구 생태계의 상징이자 지구가 얼마나 망가졌는지 잣대가
되어 주는 열대 우림으로 가 볼까요?

생물 다양성을 찾아
열대 우림으로

구부러진 나무와 덩굴이 촘촘하게 얽힌 정글과 달리, 열대
우림은 하늘을 향해 쭉 뻗은 크고 높은 나무들이 빽빽한 숲을
이루고 있습니다. 우리는 열대 우림 하면 아마존을 생각하지

만, 인도네시아 칼리만탄과 아프리카의 콩고, 마다가스카르에도 큰 열대 우림이 있습니다.

열대 우림을 '지구의 허파'라고 하기도 하는데 그렇게 부르기엔 조금 모자란 점이 있어요. 나무들이 엄청난 산소를 생산하는 건 맞지만, 그 나무들이 다시 호흡하면서 산소를 대부분 다 써 버리거든요. 진짜 지구의 허파, 아니 산소 탱크는 지구 표면의 70퍼센트를 차지하는 바다의 식물성 플랑크톤들이에요.

하지만 그렇다고 해서 열대 우림의 중요성이 줄어드는 것은 결코 아닙니다. 왜냐하면 열대 우림이 차지하는 면적은 지구 육지의 7퍼센트에 불과하지만 지구 생물종의 50퍼센트가 살고 있는, 그야말로 지구에서 가장 풍부한 생물 다양성을 보여 주는 곳이기 때문입니다.

생물 다양성과 바나나 멸종 괴담

생물 다양성이란 무엇일까요? 이 말은 1992년 우리나라를 포함한 전 세계 196개 나라가 브라질 리우에서 맺은 생물 다양성 협약 이후로 널리 사용되기 시작했습니다. 협약서에는 생물 다양성을 "육상·해상 및 그밖의 수중 생태계와 이들이 부분을 이루는 복합 생태계 등 모든 분야의 생물체 간 변이성을 말하며, 이는 종내 유전자 다양성, 종간 다양성, 생태계 다양성을 포함한다."라고 굉장히 어렵게 설명해 놓았어요.

생물 다양성을 이야기할 때, 우리는 '생물종', '생태계', '유전자', 이 세 가지만 기억하면 됩니다. 벼와 바나나를 비교해 살펴보면 이 복잡한 생물 다양성을 아주 쉽게 이해할 수 있습니다.

생물종 다양성은 하나의 생태계 안에 다양한 식물, 동물, 미생물이 살아야 좋다는 거예요. 바나나는 병충해와 곰팡이에 굉장히 약합니다. 그래서 바나나 근처에 곤충, 미생물을 포함한 다른 종류의 생물이 얼씬도 하지 못하도록 엄청난 살충제와 곰팡이·바이러스 방지 약을 뿌립니다. 그래서 넓은 땅에 오직 바나나만 자랄 수 있어요. 벼가 자라는 논에 실잠자리와 거머리와 우렁이가 살고, 여러 종류의 새가 날아오는 것과 비교하면 참 삭막하지요. 다양성이 정말 없어요.

생태계 다양성은 산, 바다, 강, 사막, 늪지, 도시, 농사짓는 땅까지 생물들이 지구 곳곳에 살아야 좋다는 거예요. 논은 큰

평야에 주로 있지만 섬에도 있고 깊은 산속 비탈에도 있고 도시 옥상에도 있지요. 하지만 바나나는 몇몇 나라의 바나나 농장에서만 자랍니다. 역시 다양성이 부족합니다.

유전자 다양성은 같은 종류의 생물이라도 생물마다 유전자가 조금씩 다를수록 좋다는 뜻입니다. 그런데 바나나는 유전자 다양성이 거의 빵점입니다. 예를 들어 벼는 씨앗으로 모종을 내서 재배하기 때문에 유전적 변이가 일어납니다. 우리는 엄마와 아빠로부터 유전자를 반반씩 물려받아 태어났기 때문에 엄마 아빠와 닮긴 했지만 유전자는 달라요. 이런 다름이 오래 쌓이면 인간 유전자에 아주 다양하고 풍부한 다양성이 쌓입니다.

하지만 바나나의 경우 우리가 즐겨 먹는 것은 딱 한 품종인데다, 그것도 씨를 뿌려서 재배하지 않고 줄기를 땅에 꽂아 번식하는 꺾꽂이 방식을 써요. 그래서 그 크고 넓은 바나나 농장에서 자라는 바나나의 유전자는 다 같은 쌍둥이입니다. 다양성이라곤 눈곱만큼도 없지요.

만약 어떤 바나나가 병이 들고, 그 병을 치료할 방법을 찾지 못해 죽는다면 다른 바나나도 죽게 될 거예요. 왜냐하면 모든 바나나의 유전자가 같기 때문이지요. 우리가 많이 먹는 캐

─○ 전 세계에서 한 해에 생산되는 바나나는 약 1억 톤, 돈으로 따지면 5조
4500억 원(50억 달러)어치이다. 무르고 벌레가 잘 꼬이고 쉽게 상하는 바
나나가 전 세계로 퍼질 수 있는 이유는, 거대 기업이 가난한 나라의 바나
나 생산과 유통 등 모든 것을 강력히 통제하기 때문이다.

번디시종 바나나는 파나마병에 약해요. 그런데 자꾸 이 병이 퍼지니까 바나나 멸종 이야기가 계속 나오는 거예요.

원래 야생 바나나는 딱딱한 씨앗이 있고 맛도 그렇게 좋지 않습니다. 하지만 여러 종류의 야생 바나나가 오랫동안 쌓아 올린 풍부한 유전자 풀에서 씨 없고 맛있는 돌연변이 바나나가 탄생할 수 있었어요. 그러자 인간은 다른 바나나는 다 무시하고 씨 없는 바나나만 집중적으로 재배했습니다. 그 바나나를 기르느라 야생 바나나가 자라는 숲도 파괴했고요. 거대 기업들이 값싼 임금만 주고 지역민들을 가혹하게 부려 먹은 건 말할 것도 없지요. 바나나 멸종을 막는 일도 중요하지만, 바나나 농사를 짓는 사람들에게 제대로 대가를 지불하는 일도 매우 중요합니다.

지금도 더운 지방의 여러 나라에서 구우면 감자 맛이 나는 플랜틴 바나나, 빨간색 레드 바나나 등 여러 종류의 바나나가 생산되고 있습니다. 하지만 인간이 계속 생물

〈생물종 관련 용어〉

단일품종
식량 등을 얻기 위해 인간이 단일 재배로 대량 생산하는 한 종류의 생물.

토종
고유종. 재래종. 특정 지역에서 자생한 야생 생물이나 오랜 세월 존재한 생물.

외래종
본래 서식지를 벗어나 다른 곳에 정착한 생물.

생태계 교란종
다른 생물종을 몰아내는 등 생태계의 균형을 깨트리는 외래생물이나 유전자변형 생물.

멸종 위기종
멸종될 위기에 놓인 생물.

다양성을 무시하고 입맛에 맞고 돈이 되는 한 종류의 바나나만 고집한다면, 바나나는 큰 위기를 맞게 될 거예요.

바나나 멸종을 막을 수 있는 새로운 품종 연구를 위해 다양한 바나나 유전자를 모아야 한다면, 어디서 유전자를 얻을 수 있을까요? 바로 우리가 파괴하고 있는 야생의 숲들입니다.

열대 우림은 생물 다양성의 보고입니다. 열과 습기로 후끈하고 한 번도 보지 못한 온갖 동물과 식물이 시끄럽게 내는 소리가 가득한, 빛이 들어오지 못할 정도로 깊고 빽빽한 숲을 떠올려 보세요. 그곳에는 수십억 년을 이어 온 생명의 나선이, 인간이 만나 보지 못한 다채롭고 놀라울 게 틀림없는 유전자 정보가 가득 존재합니다. 지구의 새로움과 활력은 그곳으로부터 퍼져 나오지요. 아직 인간의 손이 닿지 않아 다양한 유전자가 풍부하게 남아 있는 열대 우림은 정말 소중합니다.

세계의 끝에 지은 씨앗 보관소와 멸종을 막는 냉동 방주

사실 다양성은 굳이 설명하지 않아도 누구나 소중함을 느낄 수 있는 가치입니다. 음식 종류가 몇 개 없다면 먹는 일이 얼마나 고역일까요? 음악도 몇 곡 없고 영화도 몇 편 없다면

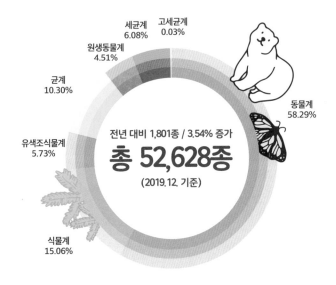

세균계
6.08%

고세균계
0.03%

원생동물계
4.51%

균계
10.30%

동물계
58.29%

유색조식물계
5.73%

전년 대비 1,801종 / 3.54% 증가
총 52,628종
(2019.12. 기준)

식물계
15.06%

──○ 우리나라 생물 통계.
우리나라는 높은 산이 있어 영국 등 같은 위도에 있는 다른 나라보다 생물 다양성이 몇 배나 풍부하다. 생물종이 증가한 이유는 보호와 발굴이 활발히 이루어졌기 때문이다.

◦ 출처: 국립생물자원관

얼마나 지루하겠어요? 외모도 성격도 비슷비슷한 사람만 있으면 남자 친구나 여자 친구를 사귀는 일도 별로 재미없겠지요. 인간은 늘 새로움을 추구하며 앞으로 나아가는 존재입니다. 새로움은 다양성에서 싹트고요. 생물 다양성의 손실은 지구 위 모든 생명의 삶을 단조롭고 음울하게 만들어 버릴 거예요.

지구에는 얼마나 다양한 생물이 존재할까요? 18세기에 스웨덴의 박물학자 칼 폰 린네(Carl von Linne)가 생물종의 이름을 표시하는 방법을 만든 후, 이런 과학적 이름을 가진 생물만 약 200만 종이나 됩니다. 곤충이나 꽃게와 새우 같은 갑각류는 유난히 구별이 힘들었는지, 같은 종인데도 다른 이름이 붙은 게 많다고 해요. 그런 걸 제외하면 우리가 알고 있는 건 약 150만 종입니다. 지구의 모든 생물을 다 알긴 어렵지만 통계학을 이용하면 이 행성에는 약 1000만 종의 생물이 존재하고 있다고 추측합니다.

그런데 인간이 이 생물종들을 지구에서 멸종시키고 있습니다. 그래서 과학자들은 멸종 위기에 있는 생명체들을 위해 공간을 마련했습니다. 대홍수 때 큰 배를 만들어 모든 동물을 한 쌍씩 태웠다는, 성경에 나오는 노아의 방주와도 같은 역할을 하는 거예요.

—○ 스발바르 국제종자저장고

　국제종자저장고는 지진이나 핵전쟁, 심지어 소행성 충돌에도 안전하도록 튼튼한 콘크리트로 100여 미터 땅 아래 암반층에 만들었습니다. 북극에 가까워서 항상 땅이 얼어 있으니까 저온 상태를 유지할 수도 있지요. 바로 이곳에 세계 각국에서 보낸 씨앗이 보관됩니다. 그렇다면 동물은 어떻게 보관할까요? 혹시 통째로 냉동하거나 포르말린 액에 담가 두는 좀으스스한 방법을 생각했나요? 동물은 간단히 유전자 표본을 수집해 냉동고에 저장합니다. 세포 하나여도 충분하기 때문에 씨앗보다도 작은 케이스에 보관할 수 있지요.

이렇게 보관해 두었으니까, 멸종되어도 복원할 수 있으니까 앞으로 생물 다양성이 줄어드는 걸 걱정할 필요가 없는 걸까요? 당연히 아닙니다. 멸종된 생물 복원이 생태계에 어떤 영향을 줄지 알 수 없고 또 동물의 경우 여러 윤리적인 문제가 얽혀 있는 데다 아직은 생명 공학 기술도 부족합니다. 따라서 멸종 후 복원할 궁리를 하는 것보다는 생물들이 멸종되지 않도록 막는 게 우선이지요.

사실 멸종이란 말은 왠지 무섭고, 절대 일어나서는 안 될 일처럼 느껴집니다. 하지만 지구 생물의 역사에서 멸종은 필요하고 또 자연스러운 일이었어요. 사라지는 각각의 생명체에겐 너무나 아쉽고 쓸쓸한 일이지만, 멸종은 생명체가 변화하는 자연에 적응하는 과정에서 일어나는 당연한 일이기도 합니다. 그런 멸종과 변화가 쌓이는 게 바로 진화이니까요.

하지만 인간이 개입한 멸종은 이처럼 자연스럽게, 또 매우 천천히 다른 생물에게 자기 자리를 내어 주는 자연적인 멸종과 다릅니다. 『이기적 유전자』를 쓴 리처드 도킨스(Richard Dowkins)와 더불어 세계에서 가장 영향력 있는 생물학자인 에드워드 윌슨(Edward Wilson)은 인간이 자연적인 멸종 속도보다 적어도 100배는 빠르게 생명체들을 멸종시키고 있다고 말합니다. 사회생물학을 개척하고 환경 보존에 깊은 통찰을 보여 주는 윌슨은, 지난 100년간 미국의 민물고기 멸종 속도를 보면 인류가 등장하기 이전의 화석 기록과 비교했을 때 무려 1000배나 빠르다고 지적해요. 이대로라면 금세기 안에 지구에 있는 종의 절반이 멸종될 거라고 경고하지요.

국제자연보전연맹(IUCN)은 멸종 위험이 큰 생물을 '멸종 위급', '멸종 위기', '취약', '위협', '관심 대상' 등으로 분류해서 보호하기 위해 노력합니다. 위급, 위기, 위협과 같은 말은 정말 절박하게 들립니다. 멸종 위기에 처한 동물들의 사진도 정말 가슴 아프지요. 그래서 윌슨은 로버트 맥아더(Robert MacArthur)와 함께 '지구의 절반' 운동을 이끌고 있어요. 섬의 절반을 보존하면 섬 생물의 80퍼센트 이상을 지킬 수 있다는 사실을 알아냈거든요. 그래서 많은 국가에서 숲과 늪지, 산과 갯벌을 보호 구역으로 지정하고 있습니다.

보호 구역이라니, 왠지 생태계가 완벽하게 보호되는 조용하고 평화로운 공간일 것만 같습니다. 그런데 생각과 달리 보호 구역에서는 문제가 끊이지 않습니다. 나무를 베고, 숲에 불을 지르고, 심지어 야생 동물을 일부러 죽이는 일까지 일어나

○— 멸종 위기 동물들. 위에서 시계방향으로 레서판다, 아마존분홍돌고래,
  남부하늘다람쥐, 듀공.

지요. 도대체 누가 왜 그러는 걸까요? 그들은 바로 보호 구역이나 보호 구역 근처에 사는 사람들입니다.

멸종 위기 동물이
우리보다 더 중요해?

보호 구역은 어디에 있을까요? 숲이 울창하고 사람의 손이 잘 닿지 않는 곳, 그러니까 이미 개발이 다 끝난 선진국의 도시가 아니라 가난한 나라의 가난한 마을 옆에 있습니다. 이들은 밥을 짓고 난방을 하기 위해 나무를 베어 연료로 씁니다. 축산업이 발달할 리 없으니, 야생 동물을 잡아먹어야 고기 단백질을 섭취할 수 있습니다. 그리고 농사지을 땅을 마련하기 위해 숲에 불을 지릅니다.

아무리 가난한 나라라도 자신들 나라에 있는 숲과 야생 동물이 지구에 얼마나 소중한지 잘 알기 때문에 남아시아와 아프리카, 중남미의 나라들도 국가 차원에서 열대 우림을 보호합니다. 유엔환경계획, 세계자연기금, 그린피스 같은 여러 국제단체와 환경 운동가들이 이를 돕고 지원하지요.

하지만 그곳에서 하루하루를 힘들게 살아가는 사람들 입장에서는 숲의 출입이 금지되고, 나무를 베거나 밭을 일굴 수 없게 되면 생계가 막막해집니다. 그래서 엉뚱하게도 멸종 위기에 몰린 야생 동물에게 분풀이를 하는 일이 많습니다. "너희 때문에 숲이 닫혔어. 너희가 나보다 중요해?" 하는 마음인 거예요.

물론 그들의 저항은 가진 것이 없는 만큼이나 격렬하지 못합니다. 이런 소심한 파괴보다 대놓고 숲을 파괴하는 악당들이 훨씬 더 문제지요. 바로 목재와 고기, 기름을 얻기 위해 열대 우림을 파괴하는 거대 기업들입니다.

인간은 꽤 오래전부터 목재를 얻기 위해 열대 우림을 훼손하기 시작했습니다. 가구, 집, 종이를 만들기 위해서이지요. 목재의 경우, 플라스틱과 같은 인공 재료로 대체되기도 하고 열대 우림뿐 아니라 세계 여러 곳에서 공급됩니다.

특히 스칸디나비아에서 유럽과 러시아를 통과해 시베리아를 건너 캐나다와 알래스카에 이르는, 지구 북쪽에 위치한 거대한 숲의 띠 '타이가'는 목재 외에 종이와 휴지를 만드는 펄프를 공급해 주지요. 북반구의 숲은 선진국에 의해 지속 가능한 산림 자원으로 잘 관리되고 있는 편입니다.

하지만 남아시아와 중남미 지역의 사정은 다릅니다. 이곳의 열대 우림 훼손 규모는 상상을 초월합니다. 아마존의 숲은

생물다양성

169

놀랍게도 고기를 위해 베어집니다. 소를 기르고 소에게 먹일 사료를 심을 땅을 마련하기 위해서지요. 2019년에 이어 2020년, 아마존에 최악의 산불이 발생했다는 뉴스를 들어 봤을 거예요. 땅을 만들려는 사람들이 숲에 불을 질렀기 때문이에요.

오늘날 지구 표면의 4분의 1이 고기 생산을 위해 사용되고 있다는 사실을 알고 있나요? 열대 우림의 숲을 밀고 생산된 고기는 대부분 햄버거 패티로 사용된다고 해요. 닭 뼈가 인류세의 화석으로 남을 만큼 닭을 기르려면 공장식 축산을 할 수밖에 없습니다. 우리는 소와 닭과 아마존 생물들을 위해서, 무엇보다 우리 자신을 위해서 고기를 덜 먹어야 해요.

문제는 또 있습니다. 브라질은 잘사는 나라가 아닙니다. 유럽 국가들이 아마존 훼손을 이유로 브라질의 콩과 고기 수입을 제한하자 경제가 휘청거렸어요. 브라질은 아직 공업이 발달하지 못해 농업과 축산업이 매우 중요해요. 그나마 거대 기업이 들어와 거대한 목장을 만들어야 일자리가 생기고 형편이 나아집니다. 이런 나라 농부들에게 열대 우림을 보호하기 위해 소규모로 유기농 농업과 목축을 하라고 말할 수 있을까요? 그건 선진국의 능력 있는 농부들에게도 어려운 일입니다. 가난한 나라 농부들에게 그럴 수 있는 여력은 전혀 없지요.

─○ 우주에서 찍은 아마존 산불

말레이시아와 인도네시아에서는 팜유 회사가 다양한 생명
체가 깃들어 살던 숲을 가차 없이 베어 버리고 그 자리에 기
름야자 나무 한 종류만 끝없이 심습니다. 팜유는 야자열매에
서 짜내는 기름이에요. 우리가 좋아하는 과자를 튀기고, 초콜
릿 잼을 만들고, 라면을 튀기는 데 쓰여요. 가난한 개발 도상
국이 돈을 벌 수 있는 방법은 거의 없습니다. 거대 기업의 횡
포에 제대로 일한 대가를 받지 못하면서도, 팜유 산업이 아니
면 먹고살 길이 막막한 거지요.

　　우리는 환경 문제가 환경을 파괴하는 거대 악당 기업과 이
에 맞서는 착한 사람들과의 싸움이라고 생각해요. 하지만 우
리가 잊고 있는 게 있습니다. 바로 환경 파괴의 현장에서 살아
가는 가난한 나라의 힘없는 사람들이지요. 생물 다양성을 보
존하고 열대 우림을 지키려고 할 때, 우리는 이들 역시 함께
지켜야 합니다. 꼭 필요한 만큼만 생산해도 충분한 수입이 보
장되는 공정 무역, 지역 주민을 생물 다양성 지킴이로 키우고
지원하는 펀드, 친환경 관광 상품 등 이미 답을 찾기 시작했으
니 우리에겐 분명 희망이 있습니다.

놓치지 마요

생물다양성 핫&이슈 ▼

50년 동안 전 세계 동물의 68퍼센트 사라져

세계자연기금(WWF)은 2020년에 '지난 50년간 전 세계 동물 숫자가 3분의 1로 줄었다.'라고 밝혔다. 특히 라틴아메리카와 카리브해는 개체군이 무려 94퍼센트나 감소했다. 이에 앞서 생물다양성과학기구(IPBES)는 인간의 활동으로 동식물 100만 종이 멸종 위기에 빠졌다는 조사 결과를 발표했다. 멸종 위기종을 되살리는 노력 역시 늘어나고 있다.

지구 온도 6도 오르면 대멸종

기후 변화에 관한 정부 간 협의체는 2021년 지구 온도가 1도씩 오를 때마다 인류를 포함한 모든 생명체를 둘러싼 위험이 크게 증가하며, 지구 온도가 2도 상승하면 산호초가 멸종하고 열대 우림이 회복 불능에 빠지고, 6도 상승하면 인간을 포함한 육지와 바다 생물의 95퍼센트가 절멸할 것으로 예측했다.

멸종 저항 운동 확산

영국의 기후 변화 운동 단체인 '멸종 저항'이 "우리는 살고 싶다.""감옥에 잡혀가고 체포를 무릅써라.""전 세계 누구나 멸종 저항 깃발을 들고 행동에 나서라." 등을 외치며 격렬한 집회를 벌여 주목을 받고 있다. 이들은 지하철을 습격해 멈추고, 기후 문제에 미지근한 정치인과 언론사를 공격하며, 경제가 지구를 망치고 있다는 이유로 '금융 저항'을 주장하고 있다.

인간이 생태계에 개입하지 않아야 생물 다양성이 회복될까?

○ 찬성 ○

1. 지구 환경에 더 이상 인간의 개입이 있어서는 안 된다

인간의 활동이 최악의 기후 위기를 불러왔고, '개발이냐 보존이냐.'를 놓고 토론하는 것이 의미가 없을 정도로 빠르게 파괴되고 있다. 빙하, 바다, 숲, 초원과 사막 등 지구에서 생명체가 서식하는 모든 생태계는 당연히 보존되어야 하며, 그 방법은 당연히 인간의 개입을 막는 것뿐이다.

2. 생태계에는 스스로 회복하는 힘이 있다

인간이 물러나면 자연은 알아서 길을 찾는다. 원자력 발전소 사고로 출입이 금지되었던 체르노빌과 남북 대립으로 사람의 손길이 닿지 않은 우리나라 비무장지대(DMZ)가 완벽하게 생물 다양성을 회복한 사례가 그 증거이다.

3. 인간의 방식이 아니라 자연의 방식으로 복원해야 한다

지금 우리는 가장 이상적인 생태계를 골라 울타리를 치는 방식으로 자연을 지키려고 한다. 하지만 훼손된 곳부터 자연의 방식으로 되살리는 전환이 필요하다. 옐로스톤 국립 공원에 회색 늑대를 풀어 놓자 생태계가 회복된 것처럼, 먹이사슬의 상위 포식자만 도입한 후 모든 것을 자연에 맡기는 '재야생화'가 필요하다.

그래, 인간의 손이 전혀 닿지 않아야 생태계가 되살아날 수 있어.

아니야, 인간이 자연환경을 적극적으로 관리해야 제대로 회복될 수 있어.

✖ 반대 ✖

1. 기후의 불확실성 때문에 생태계가 파괴된다

예전에는 산불이 났을 때 자연 발화일 경우 그대로 내버려 두는 것이 자연의 시스템을 거스르지 않는 방법이었다. 그러나 기후 위기 악화로 태풍, 집중 호우, 폭염, 폭설 등 자연재해를 전혀 예측할 수 없게 되면서 이제는 산불이나 홍수를 그냥 두면 생태계가 손쓸 수 없이 파괴되고 만다. 불확실성이 클수록 인간의 적극적인 예방과 관리가 필요하다.

2. 인간의 개입으로 오히려 생태계가 더 잘 지켜진다

우리나라의 경우 어떤 관리도 없이 내버려 둔 숲보다 병충해와 외래종을 막으며 관리한 숲의 생물 다양성이 훨씬 더 높았다. 멸종 위기종 역시 인간이 관리하지 않으면 지구상에서 영원히 사라져 버리고 말 것이다. 인간의 세심하고 적절한 관리가 있어야 생태계가 제대로 보호된다.

3. 생태 공학과 환경 공학이 지구를 회복시킬 수 있다

생태계를 파괴한 것도 인간이지만, 그 생태계를 되돌릴 수 있는 것도 인간이다. 생태계를 보호하고, 복원하며, 생태계가 파괴된 곳에는 인공 생태계와 인공 습지 등을 만드는 등 '자연 기반 방식'으로 생태계를 관리하는 생태 공학과 환경 공학이 지구를 회복시킬 것이다.

참고 자료

플라스틱

『순환경제를 위한 플라스틱의 전 과정 관리』, 장용철, 충남대학교출판문화원, 2020.

『전국 폐기물 발생 및 처리현황』, 환경부, 2020.

『우린 일회용이 아니니까』, 고금숙 지음, 슬로비, 2019.

『우리는 플라스틱 없이 살기로 했다』 산드라 크라우트바슐 지음, 류동수 옮김, 양철북, 2016.

『플라스틱 바다』, 찰스 무어·커샌드라 필립스 지음, 이지연 옮김, 미지북스, 2013.

『플라스틱 사회』, 수전 프라인켈 지음, 김승진 옮김, 을유문화사, 2012.

〈인류세 1~3〉, EBS 다큐프라임, 2019.

    https://docuprime.ebs.co.kr

〈알바트로스〉, 크리스 조단 감독, 2017.

    https://www.albatrossthefilm.com

유튜브 Sea Turtle with Straw up its Nostril – "NO" TO PLASTIC STRAWS

    https://www.youtube.com/watch?v=4wH878t78bw

페이스북 그룹 플라스틱 없이도 잘 산다!(플없잘)

    https://www.facebook.com/groups/Noplasticshopping

화학물질

『우리 주변의 화학물질』, 우에노 게이헤이 지음, 이용근 옮김, 전파과학사, 2019.

『세상은 온통 화학이야』, 마이 티 응우옌 킴 지음, 배명자 옮김, 한국경제신문, 2019.

『우리 집에 화학자가 산다』, 김민경 지음, 휴머니스트, 2019.

『우리는 어떻게 화학물질에 중독되는가』, 로랑 슈발리에 지음, 이주영 옮김, 흐름출판, 2017.

『침묵의 봄』, 레이첼 카슨 지음, 김은령 옮김, 에코리브르, 2011.

환경부 생활안전정보시스템 초록누리
https://ecolife.me.go.kr/ecolife
국립환경과학원 화학물질정보시스템
https://ncis.nier.go.kr/main.do
한국환경산업기술원 환경오염피해통합지원센터
http://www.keiti.re.kr/env/index.html

기후위기

『위기의 지구, 물러설 곳 없는 인간』, 남성현 지음, 21세기북스, 2020.
『2050 거주불능 지구』, 데이비드 월러스 웰즈 지음, 김재경 옮김, 추수밭, 2020.
『플랜 드로다운』, 폴 호켄 지음, 이현수 옮김, 글항아리사이언스, 2019.
『파란하늘 빨간지구』, 조천호 지음, 동아시아, 2019.
『이것이 모든 것을 바꾼다』, 나오미 클라인 지음, 이순희 옮김, 열린책들, 2016.

기상청 기후정보 포털
http://www.climate.go.kr/home
환경부 2050 탄소중립
https://www.gihoo.or.kr/netzero/main/index.do
기후 변화에 관한 정부간 협의체 IPCC 채널
https://www.ipcc.ch
미국항공우주국 기후 변화
https://climate.nasa.gov
기후줄무늬
https://showyourstripes.info

참고 자료

에너지

『빌 게이츠, 기후재앙을 피하는 법』, 빌 게이츠 지음, 김민주·이엽 옮김, 김영사, 2021.

『그리드』, 그레천 바크 지음, 김선교 외 옮김, 동아시아, 2021.

『지구를 위한다는 착각』, 마이클 셸런버거 지음, 노정태 옮김, 부키, 2021.

『에너지에 대한 모든 생각』, 조석 외 지음, 메디치미디어, 2016.

『기후, 에너지 그리고 녹색 이야기』, 김도연 지음, 글램북스, 2015.

한국에너지공단 신·재생에너지센터 자료실

　　　https://www.knrec.or.kr/customer/notice_list.aspx

한국전력공사 ESG 경영

　　　https://home.kepco.co.kr/kepco/SM/A/htmlView/SMAAHP000.do?menuCd

　　　=FN29

에너지전환포럼

　　　http://energytransitionkorea.org

국제에너지기구 IEA

　　　https://www.iea.org

Our World in Data

　　　https://ourworldindata.org

생물다양성

『느린 폭력과 빈자의 환경주의』, 롭 닉슨 지음, 김홍옥 옮김, 에코리브르, 2020.

『인간과 자연의 비밀 연대』, 페터 볼레벤 지음, 강영옥 옮김, 더숲, 2020.

『인류세: 인간의 시대』, 최평순 외 지음, 해나무, 2020.

『코로나 사피엔스』, 최재천 외 지음, 인플루엔셜, 2020.

『지구의 정복자』, 에드워드 오스본 윌슨 지음, 이한음 옮김, 사이언스북스, 2013.

국가 생물다양성 정보공유체계
https://www.kbr.go.kr/index.do
환경부 국립생물자원관
https://www.nibr.go.kr
국립생태원 멸종위기 야생동물 포털
https://www.nie.re.kr/endangered_species/home/main/main.do
국제 생물다양성과학기구 IPBES
https://ipbes.net
세계자연보전연맹
https://www.iucn.org

사진 저작권

과학을 달리는 십대: 환경과 생태

초판 1쇄 펴낸날 2021년 10월 12일
초판 5쇄 펴낸날 2023년 3월 24일

지은이   소이언
그린이   PINJO
펴낸이   홍지연

편집   홍소연 고영완 이태화 전희선 조어진 서경민
디자인   권수아 박태연 박해연
마케팅   강점원 최은 신종연 김신애
경영지원   정상희 곽해림

펴낸곳   (주)우리학교
출판등록   제313-2009-26호(2009년 1월 5일)
주소   04029 서울시 마포구 동교로12안길 8
전화   02-6012-6094
팩스   02-6012-6092
홈페이지   www.woorischool.co.kr
이메일   woorischool@naver.com

ⓒ소이언, 2021
ISBN 979-11-6755-014-9 43400